수학왕의
수학놀이

엄마랑 아빠랑 놀고 즐기며 배우는 생활 속 수학놀이 50

수학왕의 수학놀이

오사코 치아키 지음
임정아 옮김

피넛

많은 부모님들이 저에게 '어린아이에게 수학을 가르치는 게 좋을까요?'라는 질문을 합니다. 그런 질문을 받을 때면 저는 항상 '네'라고 대답합니다. 하지만 제가 말하는 '수학'이란 단순히 능숙하게 계산을 하도록 훈련을 시키거나 초등학교 선행학습을 시키는 것이 아닙니다. 어린 아이에게 가장 중요한 수학 교육이란 주변의 물건을 활용하여 일상생활 속에서 '숫자'와 '모양'에 대한 다양한 체험을 하며 수학에 대한 감각을 익히는 것입니다. 저는 이것을 '수학 환경'이라고 부릅니다.

오늘날의 아이들은 다른 어떤 능력보다 수학적 능력이 중요한 시대를 살아가게 될 것입니다. 아이들에게 필요한 수학적 능력이란 다음과 같은 3가지입니다.

1. 모든 것을 논리정연하게 생각하는 힘
2. 문장과 정보를 정확하게 읽어내고 이해하는 힘
3. 사람과 커뮤니케이션을 하여 판단하고 표현하는 힘

이러한 힘들은 모두 수학을 통해 익힐 수 있습니다. 그중에서도 논리정연한 사고력은 수학을 통해서 가장 잘 배울 수 있습니다. 기술이 점점 발전하고, AI와 빅데이터가 중요한 역할을 하는 앞으로의 시대에서 아이들이 장래에 어떤 일을 하더라도 수학적인 지식은 반드시 필요하며 숫자는 글로벌화된 세계에서 공통 커뮤니케이션 도구가 될 것입니다. 또한 수학에서는 사고력뿐만 아니라 창의력이나 발표력을 기를 수도 있습니다. 다시 말해 수학을 잘한다는 것은 앞으로의 사회에서 살아가는 데 큰 무기가 될 것입니다.

하지만 유아기에 수학을 체험하는 것이 중요한 이유는 따로 있습니다. 유아기는 다양한 것을 거침없이 흡수하는 시기이므로 이 시기에 수에 대한 감각이나 도형을 인식하는 능력, 논리적인 사고력 등 수학의 토대를 쌓는 것이 매우 중요합니다. 특히 도형 인식력은 자연스럽게 길러지는 능력이 아니므로 이 시기에 환경을 만들어주는 것이 중요합니다.

유아기에 수학에 대한 경험을 제대로 하지 못할 경우, 초등학교에 올라가서 숫자에 대한 감각을 제대로 익히지 못하거나, 도형을 인식하는 데 어려움을 겪거나, 추상적인 수식이나 문제의 의미를 전혀 이해할 수 없는 등의 문제를 겪을 수 있습니다. 따라서 유아기에 일상생활 속에서 자연스럽게 수학적 개념에 익숙해지는 것은 이후 수학 능력에 큰 차이를 가져올 수 있습니다.

수학은 어렵고 학교에서나 배우는 것이라고 생각할 수 있지만 아이와 함께하는 평범한 일상생활 속에서 충분히 수학의 기초를 다질 수 있습니다. 원래 숫자는 생활 속에서 생겨난 것이기 때문에 우리 주변에서 쉽게 찾아볼 수 있습니다. 따라서 아이들은 일상생활 속에서 얻은 다양한 경험을 통해 수학의 의미를 이해하고, 지식을 획득하고, 수학의 기초를 익혀나갈 뿐만 아니라 수학에 흥미를 가지고 다양한 사고를 하게 됩니다.

단, 이러한 경험을 자신의 것으로 만들기 위해서는 일상생활 속에서 '숫자'나 '모양'을 아이들이 어떻게 경험하도록 하는지가 중요합니다. 아이에게 숫자와 모양, 논리와 관련한 개념을 배우는 즐거움과 재미를 느끼게 해주시면 수학에 대한 기초가 더욱 단단해질 것입니다.

과거와는 달리 교육 단계가 점점 앞당겨지고 있고, 그 때문에 수학을 어려워하는 아이의 연령대도 점점 어려지고 있습니다.

한번 헤매기 시작하면 점점 더 따라잡기가 어려워지는 과목이 바로 수학입니다. 초등학교 수학에서 헤매지 않기 위해서는 유아기의 수학적 경험을 바탕으로 수학적 감각을 익히는것이 중요합니다.

　초등학교에서 새로운 수학적 개념을 배우면서 실제로 자신이 경험한 것과 연결할 수 있다면 이해도가 훨씬 더 높아질 수 있습니다. 이 책에서 소개하는 활동의 의미를 지금은 몰라도 괜찮습니다. 아이가 초등학생이 되었을 때 '아, 이거 한 적 있어!'라며 떠올리는 것이 중요합니다.

　이 책은 아이들과 함께하는 일상에서 '수학 환경'을 만들어줌으로써 생활 속에서 수학적 경험을 할 수 있는 다양한 놀이를 소개하고 있습니다. 이 책에서 소개하는 다양한 놀이를 통해 아이들과 함께 수학적인 방법으로 소통하면서 아이들이 일상생활 속에서 수학적인 감각을 느끼게 해주세요. 이 책이 아이를 키우는 모든 부모님들에게 도움이 되어 수학을 사랑하는 아이들로 자라나기를 바랍니다.

수학 코칭&유아 수학 에그젝티브 인스트랙터
㈜유아수학종합연구소 대표
오사코 치아키

이 책의 구성

◎ **놀이 난이도**

각 놀이의 난이도를 ★표 1개에서 3개로 표시해두었습니다.
처음 수학을 접하는 아이라면 ★표 1개인 간단한 활동부터 도전해보세요.

★ ★ ★
숫자

1개당 1개

샐러드 만들면서 숫자 놀이

서로 다른 물건을 하나씩 대응시키면서 '개수가 같다'라는 감각을 생활 속에서 익혀봅니다. 이런 숫자 감각은 수학의 기초를 형성하는 데 중요한 역할을 합니다.

◎ **놀이 방법**

각 놀이의 방법과 도움이 될 만한 진행 팁을 정리해두었습니다.
간단한 활동이라도 정확한 방법을 확인한 후 아이와 함께 즐겨보세요. 무엇보다 아이와 재미있게 즐기는 것이 중요하다는 것을 잊지 마세요.

놀이 방법

1. 샐러드 그릇과 방울토마토 등 샐러드 재료를 같은 수로 준비합니다.
2. 그릇 1개에 재료를 1개씩 올려놓으며 그릇과 재료를 1개씩 대응시킵니다.

진행방법 TIP
· 샐러드 재료는 어떤 것을 준비해도 좋지만, 방울토마토나 오이와 같이 '1개'를 이해하기 쉬운 재료를 준비하는 것이 좋습니다.
· 그릇에 재료를 하나씩 담으며 1개당 1개를 대응시키는 것을 인식하게 됩니다.

22

8

◎ **놀이 목표**

놀이를 통해 배울 수 있는
수학적 개념을 정리해두
었습니다.
놀이를 진행하면서 아이가
목표에 조금씩 가까워지고
있는지 확인해보세요.

++ 놀이 목표 ++

☑ 1개당 1개를 대응시키는 것은 수학의 기초를 쌓는 데 아주 중요합니다. ◀

☑ 두 종류의 물건을 1개씩 대응시키고 남은 것이 '더 많다'라는 사실을 알게 합니다.

☑ 숫자를 몰라도 '많다', '적다'를 비교할 수 있습니다.

◎ **실력이 쑥쑥**

기본 놀이를 좀 더 다양한
방법으로 즐길 수 있는 방
법입니다.
기본 놀이를 하면서 다양한
방법으로 활용해보세요.

++ 실력이 쑥쑥 ++

▶ **몇 개 필요할까?** ◀

그릇을 여러 개 준비합니다. '그릇 1개에
방울토마토를 1개씩 올리려면 방울토마
토가 몇 개 필요할까?'라고 물어보며 필
요한 재료의 수를 생각하게 합니다.

> **TIP**
> '같은' 수에 대한 감각을 키운 후에
> 는 '더 많다' 혹은 '더 적다'라는 개
> 념을 익히도록 합니다.

++ 도전해보기 ++

▶ **2개씩 올리기**

그릇 1개에 재료를 2개씩
올려봅니다. 그릇 3개에 올려놓은 방울
토마토가 모두 몇 개인지 세어봅니다.

> **TIP**
> 그릇 1개에 재료를 여러 개씩 대
> 응시키도록 합니다. 이런 활동은
> 곱셈의 기초가 됩니다.

◎ **도전해보기**

기본 놀이보다 조금 더 난
이도가 높은 활동입니다.
기본 놀이에 익숙해졌다
면 아이의 수준을 보고 한
번 도전해보세요.

23

즐거운 수학 놀이를 위한 팁!

• 수학 놀이에서 가장 중요한 것은 아이와 '재미'있게 즐기는 것입니다.

아무리 놀이라도 어떤 목적을 가지고 하는 활동에 거부감을 갖는 아이도 있습니다. 수학 놀이를 반드시 해야 하는 것이나 하지 않으면 혼나는 것이라고 생각하게 되면 이후에도 공부에 대한 거부감을 갖게 될 수도 있습니다. 따라서 수학적인 개념을 익히는 것보다는 아이와 재미있게 즐기는 것을 우선으로 하는 것이 중요합니다.

어떤 활동을 해도 아이가 제대로 즐기면서 받아들이지 않으면 아무 소용이 없다는 것을 잊지 마세요.

• 결과보다 과정을 칭찬해주세요.

완벽하게 해냈을 때 칭찬을 해주는 것은 당연합니다. 하지만 완벽하게 해내지 못했더라도 아이가 열심히 노력한 것이나 중간까지 해낸 것도 칭찬해주세요.

열심히 한 것 역시 결과만큼 중요한 것임을 가르쳐주는 것이 중요합니다. 그래야 어려운 것에도 도전하고자 하는 마음을 갖게 되고 실패해도 괜찮다고 생각하게 됩니다. 좋은 성적을 올리고 목적을 달성했을 때만 결과를 칭찬한다면 쉽고 간단한 것에만 도전하며 실패하는 것이 두려워 어려운 일들은 회피하게 될 수도 있습니다.

따라서 도전하는 것이 즐겁다고 생각하도록 아이들의 의욕을 북돋워주세요.

• 완벽하게 할 필요는 없어요. 목표의 60퍼센트만 해내도 충분합니다.

모든 것을 완벽하게 해내지 않아도 됩니다. 아이가 하지 못한 부분을 지적하기보다는 해낸 부분을 찾아서 응원해주세요. 처음부터 모든 놀이를 완벽하게 해내는 아이는 없습니다. 처음에는 부모님이 기대하는 수준에 미치지 못하는 것이 당연합니다. 100퍼센트를 해내는 것보다는 새로운 것을 경험해보는 것이 중요하다는 것을 알려주며 60퍼센트 정도 하는 것을 목표로 도전하도록 도와주세요.

아이를 있는 그대로를 인정하고, 잘하는 부분을 더 잘해낼 수 있도록 칭찬해주는 것이 중요합니다.

• 생각하는 힘을 기르도록 응원해주세요.

이 책에 소개한 놀이의 목표는 '답을 알려주는 것'이 아닙니다. 아이가 스스로 방법을 찾아가도록 이끌어주는 것입니다. 앞으로의 교육은 일방적으로 지식을 전달하거나 주어진 내용을 암기하는 것이 아니라 '생각하는 힘을 기르는 것'에 중점을 두게 될 것입니다. 그러므로 정해진 규칙을 아이에게 강요하기보다는 "왜 그렇게 생각했어?", "왜 그런 것 같아?", "어떻게 하고 싶어?", "어느 쪽이 좋아?" 등 아이가 자신의 생각을 자유롭게 표현하도록 이끌어주세요. 아이에게 이유를 묻거나 선택을 하게 하는 것은 곧 아이의 창의성으로 이어집니다. 모든 문제에 한 개의 해답만 있는 것은 아닙니다. 문제를 해결하는 데에는 다양한 방법이 있습니다. 아이의 자유로운 발상을 소중하게 인정해주세요.

- 구체적으로 칭찬해주세요.

그저 "잘했어"라고만 말하면 아이는 무엇을 칭찬받았는지 이해하지 못합니다. 아이를 칭찬할 때는 "색종이를 깔끔하게 반으로 접었구나", "옷을 잘 개어놓았네"와 같이 구체적인 내용으로 칭찬을 해주는 것이 좋습니다.

한 가지 주의할 점은 "착하구나"라는 말을 주의해서 사용하는 것입니다. 어른들이 생각하는 '착한 아이'의 기준은 아이의 기준과는 다릅니다. 자칫하면 '착한 아이'가 되기 위해 부모님이 시키는 대로만 하는 아이가 될 수도 있고, 그러다 보면 '착한 아이'가 되지 못하는 것에 두려움을 느낄 수 있습니다.

마지막으로, '저것', '그것' 등 애매한 지시도 되도록 피하는 것이 좋습니다. 아이에게 지시를 할 때는 '위에서 몇 번째', '몇 번째로 큰 것'과 같이 구체적인 표현을 사용해주세요.

- 긍정적인 말을 해주세요.

아이에게 말할 때, "이걸 다 하면 산책하러 가자"라고 말하는 것과 "이걸 다 하지 못하면 산책하러 가지 않을 거야"라고 말하는 것은 아이가 받아들이는 느낌이 완전히 다릅니다.

부정적인 언어와 부정적인 지시는 아이와 신뢰 관계를 쌓는 데 방해가 될 뿐입니다. 또한 아이도 똑같이 부정적으로 사물을 바라보게 됩니다. 반면 긍정적인 표현으로 아이에게 이야기해주면 아이에게 긍정적 사고를 키워줄 뿐만 아니라, 아이와의 관계도 더 좋아질 것입니다.

• 수학적 표현을 사용해주세요.

우리가 일상에서 사용하는 표현 중에는 수학과 관련 없는 것처럼 보이지만, 사실 수학과 연관되어 있는 용어가 많이 있습니다. 예를 들어, '크다', '길다', '높다', '무겁다'와 같은 표현은 길이나 무게를 재는 단위의 학습으로 이어집니다. 또 '사각형', '삼각형', '겹치다', '접다'와 같은 표현은 모양(도형) 학습으로 이어집니다. '몇 분 후', '몇 번째' 등도 수학에서 접하게 될 표현 중 하나입니다.

이러한 용어의 개념을 이해하고 자연스럽게 사용하게 되면 초등학교에 들어간 후 수학의 서술형 문제를 쉽게 이해할 수 있을 뿐만 아니라 숫자나 모양에 대한 감각도 익힐 수 있습니다. 수학은 계산만 하는 과목이 아닙니다. 우선 용어의 개념을 이해하고 잘 사용할 수 있도록 이끌어주세요. 다음은 이 책에 나오는 수학적 표현들입니다. 놀이를 진행하면서 아이가 자연스럽게 익힐 수 있도록 도와주세요.

‣ **개수를 나타내는 표현**
많다/적다/같다

‣ **단위를 나타내는 표현**
크다/작다 길다/짧다 높다/낮다 무겁다/가볍다 깊다/얕다
넓다/좁다 등

‣ **모양을 나타내는 표현**
사각(사각형) / 삼각(삼각형) / 둥글다(원) / 겹치다 / 접다 /반

‣ **위치를 나타내는 표현 용어**
안/밖   좌/우   상/하   앞/뒤   몇 번째

‣ **시간을 나타내는 표현**
몇 시/몇 시 반/몇 분 후   빠르다/늦다

차
례

● 1부 ●

숫자 감각 놀이

● 2부 ●

공간 감각 놀이

● 3부 ●
논리력 놀이

● 부록_숫자 기초 다지기 ●
목욕 놀이, 숫자 놀이

1 숫자 감각 놀이

주변에서 쉽게 접할 수 있는 물건을 이용하여 숫자 감각을 익힐 수 있는 놀이입니다. 유아기에는 큰 숫자를 배울 필요는 없습니다. 물건의 개수와 숫자를 연결시키면서 숫자에 대한 감각을 분명하게 익히는 것이 수학의 탄탄한 기초가 됩니다.

1개당 1개

샐러드 만들면서 숫자 놀이

서로 다른 물건을 하나씩 대응시키면서 '개수가 같다'라는 감각을 생활 속에서 익혀봅니다. 이런 숫자 감각은 수학의 기초를 형성하는 데 중요한 역할을 합니다.

· ·

1. 샐러드 그릇과 방울토마토 등 샐러드 재료를 같은 수로 준비합니다.

2. 그릇 1개에 재료를 1개씩 올려놓으며 그릇과 재료를 1개씩 대응시킵니다.

진행방법 TIP
- 샐러드 재료는 어떤 것을 준비해도 좋지만, 방울토마토나 오이와 같이 '1개'를 이해하기 쉬운 재료를 준비하는 것이 좋습니다.
- 그릇에 재료를 하나씩 담으며 1개당 1개를 대응시키는 것을 인식하게 됩니다.

✛✛ 놀이 목표 ✛✛

☑ 1개당 1개를 대응시키는 것은 수학의 기초를 쌓는 데 아주 중요합니다.

☑ 두 종류의 물건을 1개씩 대응시키고 남은 것이 '더 많다'라는 사실을 알게 합니다.

☑ 숫자를 몰라도 '많다', '적다'를 비교할 수 있습니다.

✛✛ 실력이 쑥쑥 ✛✛

▶ 몇 개 필요할까?

그릇을 여러 개 준비합니다. '그릇 1개에 방울토마토를 1개씩 올리려면 방울토마토가 몇 개 필요할까?'라고 물어보며 필요한 재료의 수를 생각하게 합니다.

> **TIP**
>
> '같은' 수에 대한 감각을 키운 후에는 '더 많다' 혹은 '더 적다'라는 개념을 익히도록 합니다.

✛✛ 도전해보기 ✛✛

▶ 2개씩 올리기

그릇 1개에 재료를 2개씩 올려봅니다. 그릇 3개에 올려놓은 방울토마토가 모두 몇 개인지 세어봅니다.

> **TIP**
>
> 그릇 1개에 재료를 여러 개씩 대응시키도록 합니다. 이런 활동은 곱셈의 기초가 됩니다.

양 측정하기

핫케이크의 재료는 얼마나 필요할까?

핫케이크를 만들면서 다양한 요리 재료의 양을 가늠해보고, 각각의 재료를 세는 방법을 익혀봅니다.

놀이 방법

1. 아이와 함께 핫케이크 재료를 준비합니다.

2. '달걀 2개', '우유 1컵'과 같이 각각의 재료를 세는 방법을 알려주고, 구체적인 양을 지정하여 재료를 준비합니다.

진행방법 TIP	• 핫케이크 재료를 '하나', '둘'이라고 하지 않고, '1개', '2잔', '1컵'과 같이 단위를 붙여 말하도록 합니다. • 물건을 세는 방법은 다양하지만, 단위가 바뀌어도 똑같이 '1' 즉 '하나'라는 것을 알려줍니다.

++ 놀이 목표 ++

☑ 다양한 재료의 양을 확인하고, 여러 가지 방법을 이용하여 직접 세어봅니다.

☑ '개'나 '컵' 등 각각의 재료를 세는 방법은 다양하지만, '1개'와 '1컵'의 1이 같은 수임을 감각으로 익히도록 합니다.

++ 실력이 쑥쑥 ++

▶ 횟수 세기

'10번 저어보자'와 같이 행동의 횟수를 정하여 아이와 함께 직접 해봅니다.

> **TIP**
>
> 물건을 셀 때와는 달리 정해진 행동의 횟수는 손가락으로 가리키며 셀 수 없습니다. 따라서 정해진 행동을 1회 할 때마다 '1', '2', '3'과 같이 입으로 숫자를 세게 합니다. 이때 자신이 말한 숫자와 행동을 일치시키도록 하는 것이 중요합니다.

++ 도전해보기 ++

▶ 2인분 만들기

1인분 재료의 양을 알려주고, 2인분을 만들기 위해 필요한 재료의 양을 생각해보게 합니다.

> **TIP**
>
> 2인분을 1인분이 2개라고 생각하게 하는 것은 곱셈의 기초가 됩니다.

숫자 인식하기

0이란 어떤 숫자일까?

'0(영)'은 추상적인 개념이라서 아이가 이해하기 쉽지 않습니다. 다양한 일상생활 속에서 아이가 직접 0을 체험하면서 이해할 수 있도록 합니다.

 놀이 방법

1. 아이가 좋아하는 과자를 5개 준비합니다.
2. 과자를 1개씩 먹을 때마다 남은 과자가 몇 개인지 세어봅니다.
3. 과자 5개를 모두 먹으면 남은 과자는 '0'개임을 알려줍니다.

진행방법 TIP
- 아무것도 없는 것이 곧 '0'이라는 것을 알려줍니다.
- '1개도 없네. 0이네'라고 말하며 아무것도 없는 경우를 0이라고 한다는 것을 말해줍니다.

＋＋ 놀이 목표 ＋＋

☑ 눈에 보이지 않는 추상적인 개념인 '0'을 이해합니다. '0'이라는 표현만 가르치는 것이 아니라 여러 가지 상황에서 실제 경험을 통해 '0'이라는 개념을 이해하도록 합니다.

☑ '0'이란 '아무것도 없는 것'임을 이해하게 됩니다.

＋＋ 실력이 쑥쑥 ＋＋

▶ '0'을 찾아보세요

일상생활 속에서 '0'이 사용되는 상황을 찾아봅니다.

TIP

일기예보의 강수 확률이나 과자의 영양성분 표시 등 일상생활에서 '0'이 사용되는 상황을 찾아서 각각의 상황에서 '0'이 어떤 의미인지 함께 이야기해봅니다.

＋＋ 도전해보기 ＋＋

▶ 기준이 되는 '0' 이해하기

체중계나 자 등에서 '0'이 기준이 된다는 사실을 알려주고, 실제로 물건의 무게나 길이를 재봅니다.

TIP

저울이나 자를 이용하여 기준이 되는 '0'을 직접 경험해봅니다. 이때 무리하게 단위를 알려줄 필요는 없습니다.

1개당 1개

빨래를 하나씩 넣어요

빨래를 너는 행동을 통해 수학의 기초를 쌓습니다. 이 과정에서 일상생활 속 행동을 통해 숫자에 대한 감각을 키울 수 있습니다.

놀이 방법

1. 빨래 건조대를 준비합니다.
2. 양말 1개당 빨래집게 1개를 이용하여 직접 빨래를 넣어보게 합니다.

진행방법 TIP
- '빨래집게 1개에 양말 1개씩 널자'라고 말하며 빨래집게 1개를 이용해 빨래 1개를 너는 것을 인식시킵시다.
- 빨래집게를 이용하는 것은 아이의 손가락 힘을 기우는 데도 도움이 됩니다.
- 직접 빨래를 너는 행동을 하면서 수학을 체험하게 합니다.

++ 놀이 목표 ++

☑ 빨래집게 1개에 양말 1개를 끼우면서 1개당 1개를 대응시키는 것이 어떤 의미인지 체험하게 합니다. 이런 활동을 통해 숫자에 대한 감각을 키웁니다.

++ 실력이 쑥쑥 ++

▶ 각각 몇개일까요?

빨래를 몇 개 널었고, 빨래집게를 몇 개 사용했는지 함께 세어봅니다.

> **TIP**
>
> '양말이 4개 있네', '빨래집게를 4개 썼네'라고 말하며 양말과 빨래집게가 각각 몇 개씩 있는지 세어봅니다. 그리고 빨래와 빨래집게의 수가 같음을 인식하게 합니다.

++ 도전해보기 ++

▶ 3명의 양말 널기

1명의 양말을 널기 위해서는 빨래집게가 2개 필요하다는 사실을 알려준 다음, 3명의 양말을 널기 위해서는 빨래집게가 몇 개 필요한지 생각해보게 합니다.

 TIP

실제로 식구들의 양말을 널면서 모든 식구의 양말을 널려면 빨래집게가 몇 개 필요한지 생각해봅니다. 이를 통해 곱셈의 개념을 익히고 곱셈의 기초를 체득할 수 있습니다.

10을 셀 때까지 할 수 있을까?

숫자를 세는 과정을 통해 '초'나 '분', '시간'을 이해하는 데 기본이 되는
시간 감각을 키워봅니다.

1. '10'을 세는 동안 장난감을 정리하기로 하고, 아이가 장난감을 정리하는 동안
큰 소리로 1부터 10까지 셉니다.
2. '10'을 말하기 전에 장난감을 모두 정리하는 것에 도전합니다.

**진행방법
TIP**
- 장난감 정리나 외출 준비 등 뭐든 괜찮습니다. '10'을 세는 시간을 체험하는 것
이 목적입니다.
- 시간 내로 할 수 없어도 괜찮다고 말해주며, 아이가 초조해하지 않고 즐거운 분
위기에서 주어진 행동을 하도록 합니다.

++ 놀이 목표 ++

☑ '10'을 세는 시간이 얼마나 긴지 생활 속에서 익힙니다. 이런 활동은 곧 시간에 대한 감각으로 이어집니다.

++ 실력이 쑥쑥 ++

20을 셀 때까지

30을 셀 때까지

▶ 10보다 긴 시간

'20을 셀 때까지', '30을 셀 때까지'로 좀 더 긴 시간에도 도전해봅니다.

> **TIP**
>
> 숫자가 커지면 시간도 길어지는 것을 직접 경험하게 합니다. 이때 '초'나 '분'과 같이 시간을 나타내는 구체적인 표현을 사용하지 않아도 괜찮습니다.

++ 도전해보기 ++

▶ 시간 예상하기

'몇을 셀 동안 장난감을 정리할 수 있을까?'라고 물어보며 외출 준비나 장난감을 정리하는 데 걸리는 시간을 예상해보게 합니다.

> **TIP**
>
> 어떤 행동을 하는 데 시간이 어느 정도 걸리는지를 실생활에서 직접 경험하게 합니다.

숫자 세기

페트병 볼링 게임

서로 경쟁을 하면서 숫자를 세어볼 수 있는 게임을 합니다. 이런 게임을 하면서 놀이를 통해 숫자를 세는 연습을 하고, 숫자에 대한 즐거운 경험을 할 수 있습니다.

 놀이 방법

1. 빈 페트병 10개를 나열합니다.
2. 공을 던지거나 굴려서 페트병에 맞춰 쓰러뜨립니다.
3. 페트병이 몇 개 넘어졌는지 세어보고, 페트병을 더 많이 쓰러뜨린 사람이 이기게 됩니다.

> **진행방법 TIP**
> • 크기나 무게에 따라서 페트병이 너무 잘 쓰러질 수도 있습니다. 그런 경우에는 페트병에 물을 반 정도 채워서 페트병이 너무 쉽게 쓰러지지 않게 합니다.

++ 놀이 목표 ++

☑ 게임은 질리지 않기 때문에 재미있게 숫자 세기 연습을 할 수 있습니다.

☑ 넘어진 페트병과 넘어지지 않은 페트병을 구분하여 셀 수 있게 됩니다.

++ 실력이 쑥쑥 ++

▶ 몇 개를 더 쓰러뜨려야 할까?

넘어지지 않은 페트병의 개수를 세어봅니다. 게임에서 이기기 위해서는 페트병을 몇 개 더 쓰러뜨려야 하는지 세어봅니다.

> **TIP**
>
> 넘어진 페트병의 개수와 넘어지지 않은 페트병의 개수를 합하면 10이 됩니다. 합하여 10이 되는 수를 이해하는 감각은 계산력의 기초가 됩니다.

++ 도전해보기 ++

▶ 점수 비교하기

아이와 볼링 게임을 하면서 각각 한 번씩 공을 던져 누가 페트병을 더 많이 쓰러뜨렸는지 세어봅니다.

> **TIP**
>
> 각자 쓰러뜨린 페트병의 수를 세어두는 것이 중요합니다. 쓰러뜨린 페트병의 수를 세면서 '많다/적다'를 비교하는 연습도 할 수 있습니다.

10알 주판 만들기

◦ 간편하게 주판 만들기

직접 만든 것을 사용하면 의욕도
올라갑니다.

» 준비물 «

· 구슬의 크기에 맞춰 길게 자른 끈 1개
· 큰 구슬 10개

» 만드는 방법 «

1

긴 끈 한 쪽 끝을 둥글게 만들
고, 꼬아서 고정합니다.

2

같은 색의 구슬을 5개씩
사용하면 아이가 더 쉽게
이해할 수 있습니다.

구슬 10개를 끈에 뀁니다.

3

완성!

끈은 조금 여유 있게
고정합니다.

구슬을 다 뀐 후에 1과 같이
끝을 둥글게 고정시키면 완성
입니다.

+ +

구슬을 마음대로 둘로 나눈 후 오른쪽과 왼쪽에 각각 몇 개의 구슬이 있는
지 세어봅니다. 오른쪽에 있는 구슬을 숨긴 다음, 왼쪽에 있는 구슬의 수만
보고 오른쪽에 있는 구슬의 수를 맞춰봅니다. 반대로 왼쪽에 있는 구슬을
숨긴 다음, 오른쪽에 있는 구슬의 수만 보고 왼쪽에 있는 구슬의
수를 맞춰봅니다. 이런 활동은 계산력의 기초가 됩니다.

☑ 몇 개와 몇 개를 합하면 10이 될까?

초등학교에서는 덧셈과 뺄셈을 배우기 전에 '3과 7을 더하면 10이 된다',
'10은 2와 8로 나눌 수 있다'와 같이 숫자의 합성과 분해를 배
웁니다. 이러한 수에 대한 감각을 실제 체험을 통해 익힘으로써
덧셈과 뺄셈의 기초를 탄탄하게 만들 수 있습니다.

숫자 세기

계단이 몇 개 있을까?

계단을 올라가는 행동과 숫자를 연결시켜서 숫자에 대한 감각을 몸으로
익히게 합니다.

 놀이 방법

1. 다양한 장소에서 아이와 함께 계단을 올라가면서 숫자를 세어봅니다.
2. 가장 높은 곳까지 올라간 후 계단이 모두 몇 개였는지 물어봅니다.

진행방법 TIP	• 계단 수가 적은 곳에서부터 시작합니다. • 계단을 1개 올라갔을 때 '1개'라고 세기 시작합니다. 처음 서 있는 장소를 '1'로 세지 않도록 주의합니다.

✚✚ 놀이 목표 ✚✚

☑ 몸을 움직이면서 숫자를 세는 연습을 합니다.

☑ '계단을 1개 오르는 것'을 숫자 '1'과 연결시키도록 합니다. 이런 방식으로 계속 계
단을 올라가면서 계단 1개에 숫자를 하나씩 대응시키는 연습을 합니다.

✚✚ 실력이 쑥쑥 ✚✚

▶ 긴 계단 올라가기

절이나 공원 등에 있는 높은 계단에서도
숫자를 세어가며 올라가봅니다.

> **TIP**
>
> 큰 숫자를 세기 어려워하는 아이의
> 경우에는 중간에 다시 1에서부터
> 세어나가도 좋습니다. 아이가 어려
> 워하지 않는 범위 안에서 반복적으
> 로 숫자를 세어보는 것이 좋습니다.

✚✚ 도전해보기 ✚✚

▶ 2개씩 올라가기

계단을 2개씩 올라가는 것
에 도전해봅니다. 계단 2개를 한 번에 뛰
어넘으면 숫자도 1개씩 건너뛰면서 세
어봅니다.

> **TIP**
>
> 아이가 이런 방식에 익숙해지면 조금
> 더 어려운 방식에 도전해봅니다.

2, 4, 6 …

순서를 나타내는 숫자

▼▼▼

내 순서는 몇 번째일까?

기다리는 시간 동안 수학을 경험해볼 수 있는 방법입니다. 자신의 순서
를 기다리면서 순서를 나타내는 숫자의 개념을 이해하도록 합니다.

 놀이 방법

1. 공원의 미끄럼틀이나 그네 등의 놀이기구 앞에 서서 순서를 기다리면서 아이와
   함께 자신의 순서를 나타내는 표현에 대해 이야기합니다.
2. 몇 번째가 자신의 순서인지 함께 세어봅니다.

> 진행방법
> TIP
> • '우리가 앞에서 몇 번째에 있을까?'라고 물어보며 자신의 순서를 확인하게 합니다.
> • '우리 앞에 몇 명 있을까?'라고 물어보며 자신 앞에 '몇 명'이 있는지와 자신의 순
> 서가 '몇 번째'인지의 차이도 이해하도록 합니다.

✛ ✛ 놀이 목표 ✛ ✛

☑ 숫자에는 사물의 개수를 나타내는 숫자와 순서를 나타내는 숫자가 있는 것을 이해할 수 있게 됩니다.

☑ '몇 명'과 '몇 번째'의 차이를 실생활 속에서 이해할 수 있도록 조금씩 도전해봅니다.

✛ ✛ 실력이 쑥쑥 ✛ ✛

▶ 뒤에서 몇 번째인지 세어보기

'지금 뒤에서 몇 번째에 있어?'라고 물어보며 앞에서의 순서뿐만 아니라 뒤에서부터 순서를 세는 방법도 알려줍니다.

> ❗ **TIP**
>
> 자신의 앞뿐만 아니라 뒤나 전체를 볼 수 있는 힘을 키워갑니다.

✛ ✛ 도전해보기 ✛ ✛

▶ 모두 몇 명인지 생각해보기

앞뒤로 몇 번째인지 확인했다면, '모두 몇 명서 있을까?'라고 물어 전체 숫자를 세지 않고 줄을 서 있는 아이들이 몇 명인지 생각해보게 합니다.

> ❗ **TIP**
>
> 앞뒤로 순서를 세어 두 개의 숫자를 그대로 더하면 1명 더 많아집니다. 아이가 답을 말하면 실제로 줄을 선 아이들을 직접 세어서 답을 확인해봅니다.

순서를 나타내는 숫자

몇 번째 역에서 내릴까?

초등학교 수학에서 아이들이 가장 헷갈려하는 것이 'O번째'라는 개념입니다. 지하철에 탔을 때 아이에게 내려야 할 역을 알려준 후 앞으로 몇 번째 역에서 내려야 하는지 물어보면서 'O번째'라는 개념을 직접 경험해봅니다.

1. 아이와 함께 지하철 노선도를 보며 탄 역과 내릴 역을 확인합니다.
2. 몇 번째 역에서 내리는지 세어봅니다.

진행방법 TIP

• 노선도는 아이가 직접 역의 개수를 확인할 수 있을 만큼 간단한 것이나 직접 만든 것을 사용하여 역을 1개씩 가리키며 순서를 가르칩니다.
• 탄 역의 다음 역이 '1번째' 역이 됩니다.

++ 놀이 목표 ++

☑ 순서를 나타내는 수에 대한 감각을 키웁니다.

☑ 그네에서 줄을 설 때는 그네를 타고 있는 아이가 기준(0번째)이었지만, 지하철에서는 탄 역을 기준으로 생각합니다.

++ 실력이 쑥쑥 ++

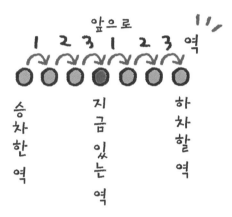

앞으로

1 2 3 1 2 3 역

승차한 역 　 지금 있는 역 　 하차할 역

▶ 몇 번째 역일까?

중간 정도 왔을 때 지금까지 몇 개의 역을 지나쳤는지, 내릴 역까지 앞으로 몇 개의 역이 있는지를 물어봅니다.

TIP

아이가 지나온 역의 개수를 기억하는 건 쉽지 않습니다. 잊어버렸을 경우에는 다시 한 번 같이 노선도를 보면서 알려줍니다.

++ 도전해보기 ++

▶ 다양한 상황에서 순서 세어보기

'앞에서 O번째 차량이네', '앞에 서 있는 사람은 △명이니까 우리는 O번째네'라고 말하며 다양한 상황에서 자신의 순서를 생각해보게 합니다.

TIP

평소에 순서에 대해 생각해볼 수 있는 다양한 기회를 만들어 아이와 함께 생각해봅니다.

숫자 세기

버스에 타고 있는 사람은 모두 몇 명일까?

버스에 몇 명이 타고 있을까요? 아이와 함께 버스에 타고 있는 사람의
수를 세어보면서 숫자의 개념을 익혀봅니다.

놀이 방법

★ 버스에 탔을 때 모두 몇 명이 타고 있는지 세어봅니다. 운전기사님과 본인을 세
는 것도 잊지 않도록 합니다.

**진행방법
TIP**
• '앞에서부터 1명씩 세어보자'라고 말하며 앞이나 뒤에서부터 순서대로 세면 세
기 쉽다는 걸 알려줍니다.
• 버스에 사람이 많을 경우에는 아이가 세기 어려울 수도 있습니다. 승객이 10명
정도일 때 하면 좋습니다.

++ 놀이 목표 ++

☑ 버스에 타고 있는 승객은 자리를 바꾸기도 하기 때문에 조금 어려운 숫자 세기를 연습할 수 있습니다.

☑ 생활 속의 다양한 상황에서 숫자를 세어보면서 숫자를 가깝게 느낄 수 있게 됩니다.

++ 실력이 쑥쑥 ++

▶ **몇 명이 늘었을까?**

중간에 버스 정류장에서 탄 승객 수를 세어봅니다.

▶ **몇 명이 줄었을까?**

중간에 버스 정류장에 내린 승객 수를 세어봅니다.

TIP

어른과 아이가 각각 몇 명인지 세어볼 수도 있습니다. 버스가 출발한 후에 다시 한 번 전체 인원을 세어봅니다. 이전보다 사람의 수가 늘었는지 줄었는지 함께 이야기해 봅니다.

숫자 읽기

차 번호판 읽기 게임

다양한 장소에서 볼 수 있는 차량의 번호판을 읽거나 번호판의 숫자를
이용한 게임을 하면서 숫자에 대한 감각을 키우고 숫자를 가깝게 느낄
수 있습니다.

★ 차를 타고 이동을 할 때나 거리를 걸을 때 지나가는 차를 보면서 번호판의 숫자
를 함께 읽어봅니다.

진행방법 TIP	• 번호를 네 자리 숫자로 파악할 필요는 없습니다. '육육팔일'과 같이 숫자를 하나 씩 읽는 법부터 익히도록 합니다.

++ 놀이 목표 ++

☑ 숫자를 읽는 연습을 합니다. 게임처럼 숫자를 읽다 보면 숫자에 익숙해져 어떤 숫자도 술술 읽을 수 있게 됩니다.

☑ 먼저 숫자를 한 자리씩 읽도록 합니다.

++ 실력이 쑥쑥 ++

▶ 가장 큰 수와 가장 작은 수

차량 번호판에 적힌 4개의 숫자 중에서 가장 큰 숫자는 어느 것인지 물어봅니다. 아이가 가장 큰 수를 찾을 수 있으면 다음에는 가장 작은 수도 찾아보게 합니다.

TIP

한 자리 숫자의 크고 작음을 비교하면서 큰 수와 작은 수를 인식하게 합니다.

++ 도전해보기 ++

▶ 두 자리 숫자 읽기

번호판에 적힌 네 자리 숫자를 왼쪽 두 자리와 오른쪽 두 자리로 나누어 두 자리 숫자로 읽어보게 합니다.

TIP

숫자를 읽는 방법을 이해하게 합니다. 두 자리 숫자를 읽을 수 있으면 오른쪽 수와 왼쪽의 수 중에서 어느 쪽이 더 큰지 비교해봅니다.

숫자 읽기

과자를 몇 개 살까?

쇼핑은 생활 속에서 수학의 쓸모를 직접 경험할 수 있는 가장 좋은 방법입니다. 아이들과 함께 물건을 구입하면서 다양한 방법으로 물건의 수를 세고 숫자에 대해 생각해볼 수 있는 기회를 늘려봅니다.

1. 가게의 과자 판매대에서 좋아하는 과자를 고르도록 합니다.
2. '3개까지' 등 개수를 지정하여 그 개수대로 과자를 사도록 합니다.

진행방법 TIP
· 같은 과자를 3개 사도 되고, 서로 다른 과자를 3개 사도 됩니다. 종류가 달라도 똑같이 '1개'라는 것을 알려줍니다.

＋＋ 놀이 목표 ＋＋

☑ 다양한 종류의 과자를 함께 세면서 과자가 모두 몇 개인지 세는 연습을 합니다.

☑ 주어진 조건 속에서 어떤 과자를 살지 고르는 것은 판단력을 키우는 데에
도움이 됩니다.

＋＋ 실력이 쑥쑥 ＋＋

▶ 물건의 가격 읽어보기

'가격을 읽을 수 있는 과자를 3개 골라
보자'라고 말하면서 물건의 가격을 읽
는 연습을 해봅니다.

> **TIP**
>
> 생활 속에서 큰 수를 읽는 법을
> 자연스럽게 배우게 합니다.

＋＋ 도전해보기 ＋＋

▶ 3,000원 어치 물건 사기

'3,000원까지 좋아하는 과자를
사도 돼'라고 말하며 정해진 금액 안에서 과
자를 선택해서 구입하도록 합니다.

> **TIP**
>
> 두 자리 이상의 숫자를 계산하는 것은 어렵
> 기 때문에 옆에서 도와주어도 좋습니다.

숫자 세기

▼ ▼ ▼

그림책에 나오는 인물은 몇 명일까?

시각을 조금만 바꾸면 항상 읽는 그림책도 재미있는 수학 교재가 될 수 있습니다. 그림책을 이용하여 신나는 수학 활동도 할 수 있습니다.

1. 좋아하는 그림책을 한 권 준비합니다.
2. 그림책의 한 페이지를 펼친 다음 그 페이지에 사람이 몇 명 있는지 세어봅니다.
3. 그림책 전체에 등장하는 인물이 몇 명인지도 세어봅니다.

진행방법 TIP
• 5~10명의 인물이 등장하는 그림책을 선택하는 것이 좋습니다.
• '이 책에 나오는 남자아이는 전부 몇 명일까?', '여우는 모두 몇 마리일까?'와 같은 질문도 해봅니다.

++ 놀이 목표 ++

☑ 어떤 그림책이든 모양이나 숫자, 수학 용어 등 수학 활동에 사용할 수 있는 요소들
이 많이 포함되어 있습니다. 그림책을 읽으면서 수학에 대한 힘을
길러봅니다.

++ 실력이 쑥쑥 ++

▶ 그림책에 등장하는 인물 세어보기

그림책 한 권에 등장하는 인물이
모두 몇 명인지 함께 생각하면서
세어봅니다.

TIP

'어떤 인물이 나왔어?'라고
물으며 같은 인물을 두 번
세지 않도록 주의합니다.

++ 도전해보기 ++

▶ 그림책 속 모양 찾기

그림책 속에서 사각형이나
삼각형, 원 등 아이가 알고 있는 모양을
함께 찾아봅니다.

TIP

그림책 속에서 다양한 모양을 찾
아보면서 모양을 나타내는 단어
와 익숙해지도록 합니다.

숫자 묶기와 숫자 분할

사탕 봉지 만들기

사탕이나 과자 등 같은 종류의 물건을 같은 수만큼 봉지에 넣어 쇼핑 놀이에서 팔 상품을 만들어봅니다.

1. 사탕을 12개 준비하여 2개씩 봉지에 넣습니다.

2. 사탕을 넣은 봉지가 모두 몇 개인지 세어봅니다.

진행방법 TIP	• '봉지 1개에 사탕 2개를 넣었으면 이제 다음 봉지에 사탕을 넣어야 해'라고 말하며 사탕을 2개씩 넣도록 도와줍니다. • 사탕 개수는 12개로 하여 오른쪽 페이지의 활동도 함께 해봅니다.

++ 놀이 목표 ++

☑ 여러 개의 물건을 2개씩 혹은 3개씩 묶는 연습을 하며 숫자를 나누는 연습을 합니다.

☑ 2개씩 혹은 3개씩 묶고 나누는 것은 곱셈과 나눗셈에 대한 개념으로
이어집니다.

++ 실력이 쑥쑥 ++

▶ 3개씩 1봉지에 담기

이번엔 12개의 사탕을 3개씩 봉지에 넣어봅니다. 사탕이 든 봉지를 모두 몇 개 만들 수 있을까요?

TIP

사탕을 2개씩 넣었을 때보다 3개씩 넣으면 봉지의 수가 줄어드는 것을 이해하도록 합니다.

++ 도전해보기 ++

▶ 몇 개씩 넣을 수 있을까?

12개의 사탕으로 사탕 봉지 3개를 만듭니다. 1봉지에 몇 개씩 넣으면 좋을까요?

 TIP

각각의 봉지에 사탕을 1개씩 넣어 몇 개 넣었는지 세어봅니다.

계산하기

쇼핑하고 계산하기

돈 대신 구슬을 이용해 쇼핑 놀이를 하면서 계산을 연습합니다. 이처럼 구슬을 이용해 계산을 해보는 것은 덧셈과 뺄셈의 기초가 됩니다.

놀이 방법

1. 아이가 손님 역할을 하며 물건을 사게 합니다. 이때 아이에게는 여러 개의 구슬을 주고 돈 대신 이용하게 합니다.

2. 갖고 싶은 과자 1개와 구슬 1개를 교환할 수 있다고 알려주며 물건을 구입하는 연습을 합니다.

진행방법 TIP

- '과자 1개와 구슬 1개를 교환할 수 있어'와 같이 과자를 사려면 어떻게 하면 되는지 친절하게 설명해줍니다.
- 아이가 손님 역할에 익숙해지면 가게 주인과 손님 역할을 바꾸어 다시 놀이를 합니다.

++ 놀이 목표 ++

☑ 구슬을 주면 과자와 교환할 수 있다는 것을 경험을 통해 알게 됩니다. 이런 활동은
물건을 구입하면서 돈을 계산하는 것의 기초가 됩니다.

++ 실력이 쑥쑥 ++

▶ 물건의 가격을 다양하게 하기

과자 종류에 따라 필요한 구슬의 개수를
다르게 하여 쇼핑 놀이를 해봅니다.

> **TIP**
>
> 과자뿐 아니라 사탕이나 젤리 등
> 여러 종류의 간식 거리를 이용하
> 여 놀이를 해보아도 좋습니다.

++ 도전해보기 ++

▶ 구슬 10개를 이용하여
쇼핑하기

구슬 10개를 이용하여 다양한 가격의 간식
거리를 구입해봅니다. 구슬 10개로 과자나
사탕을 몇 개나 살 수 있는지 생각해봅니다.

> **TIP**
>
> 과자 수와 종류를 바꿔 다양한 조합
> 에 도전해봅니다. 이런 활동은 덧셈
> 과 암산 연습에도 도움이 됩니다.

규칙성 찾기

오늘이 몇 일일까?

달력은 숫자 감각을 익히는 데 매우 좋은 교재입니다. 아이가 볼 수 있는 곳에 달력을 여러 개 붙여두고 아이와 함께 숫자 감각을 익히는 데 이용해봅니다.

1. 달력에 있는 숫자를 1부터 순서대로 읽습니다.
2. 오늘 날짜에 O를 표시합니다.

진행방법 TIP

· '오늘은 O월 O일이네', 'O요일은 어디에 있을까?' 등 달력을 보는 방법을 함께 확인합니다.
· 가족들의 생일이나 기념일에 표시를 하고 함께 읽어봅니다.

++ 놀이 목표 ++

- ☑ 달력을 보는 방법을 알게 됩니다.

- ☑ 숫자를 읽는 연습을 하며 숫자의 순서나 규칙성을 자연스럽게 이해하게 됩니다.

++ 실력이 쑥쑥 ++

▶ 매일의 습관

심부름이나 학원 가기 등 매일의 일과를 정한 다음 해야 할 일을 모두 한 날에는 달력에 O를 표시합니다.

TIP

자연스럽게 매일 달력을 보는 습관을 갖도록 합니다. 점점 '1일'이나 '일주일', '한 달'의 감각도 익히게 합니다.

++ 도전해보기 ++

▶ 숫자 퀴즈

'3의 다음에 오는 숫자는 몇 일까?', '2의 아래에 있는 숫자는 뭘까?' 등 달력을 보면서 숫자 퀴즈를 냅니다.

TIP

숫자의 순서를 배웁니다. 어떤 숫자의 앞뒤에 있는 숫자는 무엇인지, 위와 아래에 있는 숫자는 무엇인지 물어보며 규칙성에 대한 감각을 익힙니다.

큰 수와 작은 수 찾기

카드 게임① 어느 쪽이 클까?

카드는 쉽게 준비하여 재미있게 즐길 수 있는 수학 교재입니다. 카드를 이용하여 다양한 숫자 놀이를 해봅니다.

 놀이 방법

1. 카드의 문양 4개 중 1개를 정해 1에서 10까지 적힌 카드 10장을 섞어 숫자가 보이지 않도록 뒤집어서 테이블 위에 펼쳐놓습니다.

2. 두 사람이 동시에 카드를 1장씩 뒤집어 큰 수가 나온 쪽이 이깁니다. 이긴 사람은 자신이 뒤집은 카드와 상대편이 뒤집은 카드까지 모두 2장의 카드를 갖습니다.

2. 최종적으로 많은 카드를 가진 사람이 이깁니다.

진행방법 TIP
• 규칙이 있는 놀이를 할 때는 '1장씩 뒤집어보자', '누구 카드의 숫자가 더 클까? 숫자가 큰 쪽이 이기는 거야'와 같이 아이에게 친절하게 규칙을 설명해주어야 합니다.

++ 놀이 목표 ++

☑ 2개의 숫자 중에서 큰 수와 작은 수를 구분할 수 있게 됩니다.

☑ 카드의 숫자나 가지고 있는 카드의 수를 비교하면서 '크다/작다', '많다/적다' 등 수학적 개념을 자연스럽게 사용할 수 있게 됩니다.

++ 실력이 쑥쑥 ++

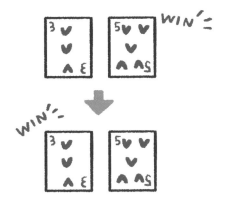

▶ 어느 쪽이 작을까?

이번에는 작은 숫자가 적힌 카드를 뒤집은 사람이 이기는 것으로 게임의 규칙을 바꾸어봅니다.

> **TIP**
> '크다'의 반대는 '작다'입니다. 어느 쪽 규칙으로도 생각할 수 있도록 충분히 연습을 합니다.

++ 도전해보기 ++

▶ 2장씩 뒤집기

각각 2장을 동시에 뒤집어서 두 숫자의 합이 큰 사람이 이기는 게임을 합니다.

> **TIP**
> 게임을 하면서 덧셈을 하는 연습을 할 수 있습니다.

★★★
숫자

단기 기억

카드 게임② 숫자 짝 맞추기

일반적인 카드로 짝 맞추기 게임을 하면 숫자 감각을 키울 수 있는 수학 놀이가 됩니다.

 놀이 방법

1. 하트나 스페이드 등 카드의 문양 두 가지를 정해 1에서 5까지 모두 10장의 카드를 숫자와 문양이 보이지 않도록 테이블 위에 뒤집어 놓습니다.
2. 같은 숫자의 카드를 찾아 짝을 맞추는 게임을 합니다.

진행방법 TIP
• 카드의 숫자와 위치를 기억하는 것은 아이에게는 쉽지 않은 일입니다. 처음에는 카드의 개수가 너무 많지 않은 상태에서 놀이를 시작합니다.

++ 놀이 목표 ++

☑ 카드를 가지고 놀면서 숫자와 친해지고 숫자 감각을 익힐 수 있습니다.

☑ 게임에서 이기기 위해서는 카드의 숫자와 위치를 기억해야 하기 때문에 단기 기억력을 키울 수 있습니다.

++ 실력이 쑥쑥 ++

▶ 카드 문양 맞추기

1에서 4까지 네 가지 문양의 카드 16장을 사용하여 같은 문양을 뒤집으면 그 카드를 가질 수 있습니다. 이런 규칙을 설명해주고 게임을 시작합니다.

TIP

조건을 바꾸어 놀아봅니다. 이번엔 문양이 아닌 같은 숫자끼리 짝을 맞추는 게임을 해봅니다.

++ 도전해보기 ++

▶ 40장으로 게임하기

앞의 규칙에 익숙해지면, 1에서 10까지 네 가지 문양의 카드 40장을 사용하여 숫자 짝 맞추기 놀이를 합니다.

TIP

카드의 개수가 많아지면 카드의 숫자와 위치를 더 많이 기억해야 합니다. 아이의 수준에 맞춰 조금씩 카드의 수를 늘려갑니다.

40장!

만들어보기 — 나만의 달력 만들기

○ 달력에서 숫자 부분은 숫자에 대한 감각을 키우는 데 도움이 되고, 달력을 꾸미는 과정에서 다양한 모양을 만들어보며 모양에 대한 경험도 함께 할 수 있습니다.

» 준비물(한 달 치) «

・색도화지 1장 ・A4 용지 1장 ・색종이 ・원 모양의 스티커 28~31장 ・크레파스
・유성펜 ・가위 ・자

+ 날짜 만들기

색도화지

A4 용지

완성!

1 색 도화지 반보다 조금 작은 크기로 A4용지를 자르고 유성펜 등으로 달력의 틀을 그립니다.

2 원 모양의 스티커에 달력의 날짜를 만들 숫자를 1~31까지 씁니다. 실제 그 달의 달력을 보면서 유성펜으로 그린 달력 틀 안에 날짜를 붙입니다.

3 앞에서 만든 날짜 부분을 색도화지의 아래쪽에 붙입니다. 각각의 달의 특성에 맞춰 색도화지 윗부분을 꾸며줍니다.

+ 달력 꾸미기

1월 동그란 과일

2월 눈사람

3월 나비와 튤립

▶ **준비물**
원 모양 큰 것 1장 / 작은 것 1장

원 모양 색종이를 이용해 귤이나 사과 등 과일을 1개씩 그려 넣습니다.

▶ **준비물**
원 모양 큰 것 1장 / 작은 것 1장

2장의 원 모양 색종이를 이용해 눈사람을 만듭니다.

▶ **준비물**
물방울 모양 9장, 삼각형 2장

물방울 모양 색종이를 3개씩 이용하여 튤립 3개를 만듭니다. 삼각형 2개를 이용해 나비 모양을 만듭니다.

4월 부활절 달걀

▶ **준비물**
달걀 모양 4장, 반원 1장

반원 모양의 색종이에 달걀 4개를 넣어 부활절 달걀 바구니를 만들어봅니다.

5월 물고기

▶ **준비물**
직사각형 3장, 삼각형 큰 것 6장 / 작은 것 9장, 원 모양 큰 것 3장 / 작은 것 3장

큰 원과 작은 원을 겹쳐서 물고기 눈을 만듭니다. 큰 삼각형으로는 물고기 꼬리를, 작은 삼각형으로는 물고기 비늘을 만듭니다.

6월 수국과 우산

▶ **준비물**
반원 모양 1장, 정사각형 큰 것 4장 정도 / 작은 것 4장 정도, 삼각형 2장

아래의 그림처럼 큰 정사각형을 2번 접어 수국 모양을 만듭니다. 그리고 반원 모양으로는 우산을 만듭니다.

7월 불꽃놀이

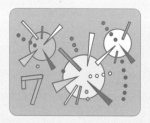

▶ **준비물**
원 모양 큰 것 1장 / 작은 것 2장, 얇고 긴 사각형이나 삼각형 여러 개

배경에는 짙은 색의 색 도화지를 사용하고, 원 모양 위에 사각형이나 삼각형 모양을 장식하여 불꽃놀이 모양을 만들어봅니다.

8월 해바라기

▶ **준비물**
원 모양 큰 것 1장 / 작은 것 2장, 긴 직사각형 모양 큰 것 8장 / 작은 것 6장

직사각형의 양쪽 끝을 풀로 붙인 다음, 원 모양에 둥글게 이어 붙여 해바라기를 만듭니다.

9월 달과 밤하늘

▶ **준비물**
원 모양 큰 것 1장 / 작은 것 9장

큰 원을 이용하여 달을 만들고, 작은 원들은 삼각형의 형태로 배치해 붙입니다.

10월 핼러윈 호박

▶ **준비물**
원 모양 3장, 낙엽 10장

원 모양 3개를 겹쳐서 핼러윈 호박 모양을 만들고 아래에 낙엽을 붙여봅니다.

11월 포도와 낙엽

▶ **준비물**
원 모양 11장, 삼각형 4장

원 모양을 이용해 포도송이를 만들고, 삼각형 2개를 붙여 은행잎을 만듭니다.

12월 크리스마스 트리

▶ **준비물**
삼각형 큰 것 3장 / 작은 것 5장 정도, 정사각형 2장

큰 삼각형으로 크리스마스 트리 모양을 만들고, 작은 삼각형을 이용해 트리를 장식합니다. 사각형 모양으로는 트리의 받침을 만듭니다.

달력 가지고 놀기

+ +

자신이 만든 달력에 가족들의 생일과 각종 기념일을 표시해서 함께 달력을 보며 다양한 숫자와 모양을 접할 기회를 더 많이 가져보세요.

2 공간 감각 놀이

공간 감각의 기본은 원, 삼각형, 사각형 등 다양한 모양에 익숙해지는 것입
니다. 2부에서는 음식을 만드는 재료나 주변의 사물, 색종이 등을 이용하여
삼각형, 사각형, 원과 같은 다양한 모양들과 친해질 수 있는 놀이를 소개하
고 있습니다. 여러 모양들이 어떻게 만들어지고 변할 수 있는지 확인하면서
공간 감각의 기본을 다져보세요.

모양 인식하기

여러 모양의 재료로 샌드위치 만들기

샌드위치를 만들면서 '겹치다'와 같은 수학 용어를 사용하여 다양한 수학적 경험을 해봅니다.

1. 식빵과 햄, 치즈 등 샌드위치 재료를 준비합니다.
2. '빵 위에 햄을 겹쳐서 놓자', '다음은 치즈를 겹쳐서 놓자'와 같이 이야기하면서 함께 샌드위치를 만듭니다.

진행방법 TIP
- '겹치다'란 단어를 사용하도록 합니다.
- '빵 위에 동그란 것을 겹쳐서 놓자', '다음은 사각형 모양을 겹쳐서 놓자'와 같이 재료의 이름이 아닌 모양을 이용하여 지시를 하면 아이들이 각 재료의 모양에 관심을 가지며 다양한 모양을 인식할 수 있습니다.

++ 놀이 목표 ++

☑ '겹치다'라는 것은 어떤 것 위에 다른 것을 올려놓는 것임을 이해하고 직접 실행해보게 합니다.

++ 실력이 쑥쑥 ++

▶ 수제 샌드위치 만들기

좋아하는 순서대로 재료를 겹쳐서 나만의 샌드위치를 만들어봅니다.

▶ 비교해보기

각자 만든 샌드위치를 보며 비교해봅니다. 두께나 옆에서 본 색의 조합 등 다양한 시점으로 관찰합니다.

TIP

스스로 재료를 선택하여 만들어보는 것은 아이들의 창의력을 키우는 데에 도움이 됩니다. 또한 재료를 겹쳐서 놓는 순서에 따라 샌드위치의 두께나 색 조합 등의 외형이 바뀌는 경험을 하는 것도 소중한 '수학적 체험'입니다.

★★★
모양

모양 인식하기

다양한 모양으로 잘라봐요

샌드위치의 재료를 잘라보면서 채소는 물론이고 주위의 사물에도 다양한 '모양'이 숨겨져 있는 것을 발견할 수 있습니다.

 놀이 방법

1. 자르기 전에 채소를 관찰합니다.
2. 아이에게 채소의 자른 단면을 보여주며 어떤 모양이 되었는지 함께 확인합니다.

진행방법 TIP
- '당근을 자르면 원 모양이 되네'라고 말하며 도형의 명칭을 가르쳐줍니다.
- 처음엔 당근이나 무 등 자른 모양이 알기 쉬운 모양(예쁜 동그라미 등)이 되는 채소를 추천합니다.

✚ ✚ 놀이 목표 ✚ ✚

☑ 채소는 주변에서 쉽게 찾아볼 수 있는 입체 도형이라고 할 수 있습니다. 다양한
식재료를 잘라 입체 도형의 자른 면을 생각해보면 도형에 대해 깊이 이해할 수
있게 됩니다.

✚ ✚ 실력이 쑥쑥 ✚ ✚

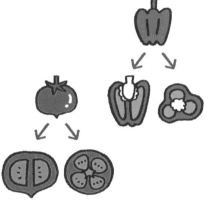

▶ 방향 바꿔 잘라보기

같은 채소를 세로 방향과 가로 방향으로
잘라 자른 면의 모양을 확인합니다.

TIP

같은 채소라도 자른 방향이나 위치
가 바뀌면 자른 면의 모양이 바뀌는
것을 확인할 수 있습니다.

✚ ✚ 도전해보기 ✚ ✚

▶ 잘라서 크기 비교하기

당근이나 무를 잘라 동그란 모양이 생기는 것을
함께 확인합니다. 당근과 무를 자른 단면의 크기
를 비교해봅니다.

TIP

무를 자른 단면이 당근을 자른 단면보다 더
큰 원이 되는 것을 확인합니다. 하나의 당근
도 위쪽을 잘랐을 때와 아래쪽을 잘랐을 때
원의 크기가 다르다는 것을 깨닫도록 합니다.

모양 인식하기

▼
▼

핫케이크 똑같이 나눠 먹기

원 모양을 같은 양으로 잘라 나누어보며 모양이 어떻게 바뀌는지 알아봅
니다.

 놀이 방법

1. 원 모양의 핫케이크를 1장 만듭니다.
2. 원 모양의 핫케이크를 반으로 나누는 방법을 생각하며 같이 잘라봅니다.

**진행방법
TIP**

- 친구나 형제 이름을 말하며 'OO랑 똑같이 나눠 먹으려면 어떻게 해야 할까?',
  'OO와 반으로 나누어 먹어볼까?'라고 말하며 같이 핫케이크를 같은 양으로
  나누어봅니다.
- 핫케이크 대신에 피자나 동그란 빵 등 원 모양의 것이면 무엇이든 좋습니다.

++ 놀이 목표 ++

☑ 원 모양을 반으로 나누어 직접 같은 양으로 나누어봅니다.

☑ 원 모양의 가운데를 자르면, 나눠진 2장이 같은 모양, 같은 크기가 되는 것을 알 수 있습니다.

++ 실력이 쑥쑥 ++

▶ 4등분 하기

원 모양을 반으로 나눈 다음 '또 한 번 반으로 나눌 수 있을까?'라고 말하며 다시 반으로 잘라봅니다. 이렇게 원을 4등분 할 수 있습니다.

TIP

똑같이 4등분으로 나누면 같은 모양이 4개 생깁니다. 그것을 다시 한 번 반으로 나누면 어떤 모양이 될지 생각해보며 아이와 함께 직접 반으로 나누어봅니다.

++ 도전해보기 ++

▶ 둘이 나누어 먹기

4등분으로 나눈 핫케이크를 2명이서 똑같이 나누어 먹으면 1명이 몇 장씩 먹을 수 있을까요?

TIP

4등분 한 핫케이크를 1장씩 먹으면 모두 몇 명이 먹을 수 있는지 생각해봅니다. 이런 활동을 통해 나눗셈 감각을 익힐 수 있습니다.

모양 인식하기

반으로 접어봐요

주변의 물건을 반으로 접으면 크기는 어떻게 될까? 모양은 어떻게 될까? 아이들과 함께 실제로 여러 종류의 물건을 접어보며 크기와 모양의 변화를 살펴봅니다.

★ 수건이나 손수건을 갤 때, 아이가 돕도록 합니다. '수건을 반으로 접어볼까?'라고 말하며 직접 시범을 보여주고 아이가 따라할 수 있도록 합니다. .

진행방법 TIP

- 반으로 접기 전의 수건과 접은 후의 수건을 비교하여 '반이 되었네'와 같이 말하며 모양의 변화를 확인합니다.
- 제대로 접지 않으면 반이 되지 않기 때문에 평평한 곳에 수건을 잘 펼친 다음 양쪽 끝을 맞춰서 접는 방법 등 절반으로 접는 법을 가르쳐줍니다.

++ 놀이 목표 ++

☑ 수건을 접어 반으로 만든다는 개념을 배웁니다.
이것은 초등학교에서 배우는 2분의 1이란 분수 개념으로 이어집니다.

++ 실력이 쑥쑥 ++

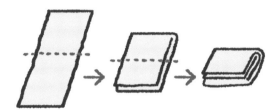

▶ 반의 반

수건을 반으로 접은 다음 그것을
다시 반으로 접어봅니다.

▶ 반의 크기

한 번 접어 반으로 만든 수건과
두 번 접어 반으로 만든 수건의
크기를 비교해봅니다.

TIP

반으로 접은 횟수가 많아질수록 수건이 점점 더 작아진다는 것을 직접 경험하여
'반'의 의미를 깊이 이해하도록 합니다.

그룹으로 나누기

세탁물을 정리해요

세탁물을 정리하는 것을 도와달라고 하여 일상생활 속에서 수학의 기본
이 되는 '그룹 나누기'의 방법을 익히도록 합니다.

양말

셔츠

수건

1. 마른 세탁물을 '수건', '셔츠', '양말' 등 종류에 따라 그룹으로 나눕니다.

2. 종류별로 나눈 세탁물이 각각 몇 개인지 세어봅니다.

진행방법 TIP

• 처음에는 수건을 두는 곳에 수건 1장, 양말을 두는 곳에 양말 1켤레를 놓아두면
서 이야기해주면 아이들이 그룹으로 나누는 것의 의미를 쉽게 이해할 수 있습
니다.

++ 놀이 목표 ++

☑ 사물의 개수를 세기 위해 같은 그룹에 속한 물건끼리 분류해봅니다.

☑ 그룹 나누기가 가능하게 되면 같은 그룹에 속한 사물의 개수를 세거나 각각의 그룹에 속한 사물의 개수를 비교할 수 있게 됩니다.

++ 실력이 쑥쑥 ++

▶ 개수가 가장 많은 그룹은?

어떤 종류의 세탁물이 가장 개수가 많은지 비교해봅니다.

... 4

... 5

TIP

세탁물을 종류별로 그룹으로 나눈 다음 각각의 개수를 비교해봅니다. 다른 그룹에 속한 물건을 같이 세지 않도록 주의합니다.

++ 도전해보기 ++

▶ 다양한 그룹 나누기

세탁물을 아빠의 것과 엄마의 것, 자신의 것으로 나누어봅니다.

TIP

크기에 따라 나누거나 목적에 따라 나누는 등 다양한 나누기 방법을 이해할 수 있게 합니다.

모양

둥근 물건을 찾아요

거리를 걷다 보면 다양한 모양의 물건을 발견할 수 있습니다. 주변의 여러 장소에서 다양한 종류의 모양을 찾아보면서 도형에 대한 감각을 익혀봅니다.

 놀이 방법

· ·

1. 거리를 걸으면서 둥근 모양을 함께 찾습니다.
2. 누가 더 많이 찾는지 경쟁해봅니다.

진행방법 TIP
· 공이나 타이어, 맨홀 뚜껑 등 평소엔 아무렇지 않게 본 사물 모양에도 주목해봅니다.
· 생활 속에는 다양한 모양이 숨겨져 있음을 인식하게 합니다.

++ 놀이 목표 ++

☑ 수학의 기초인 모양을 인식하는 것을 즐겁게 체험해봅니다.

☑ 거리, 집 안, 유치원이나 어린이집과 같은 생활 속 공간에 다양한 모양이 숨겨져 있다는 것을 깨닫습니다.

++ 실력이 쑥쑥 ++

▶ 사각형 찾아보기

거리에서 각이 4개 있는 모양인 사각형을 찾아봅니다.

TIP

사각형에는 다양한 종류가 있습니다. 주변을 둘러보며 다양한 사각형을 찾아봅니다.

++ 도전해보기 ++

▶ 삼각형 찾기

주변에서 삼각형을 찾아봅니다. 삼각형에는 각이 3개 있다는 것을 알려줍니다.

TIP

주변에서 삼각형 모양의 사물이 의외로 적을 수도 있습니다. 누가 먼저 찾는지 경쟁해봅니다.

모양 인식하기

색종이 퍼즐 만들기

색종이는 접거나 자르거나 합쳐서 즐겁게 도형 놀이를 할 수 있는 마법의 놀이 도구입니다. 색종이를 이용하여 다양한 모양을 만들어보며 도형에 대해 배워봅니다.

1. 색종이를 대각선으로 반으로 접습니다. 접은 선을 따라 가위로 잘라 삼각형을 2개 만듭니다.
2. 2개의 삼각형을 붙여서 더 큰 삼각형 1개를 만듭니다.

진행방법 TIP

• 사각형을 대각선으로 자르면 같은 크기와 같은 모양의 삼각형이 2개 만들어지는 것을 알 수 있습니다.
• '사각형에서 삼각형이 되었네'라고 말하며 구체적인 모양 이름을 알려줍니다.

++ 놀이 목표 ++

☑ 사각형을 대각선으로 반 자르면, 삼각형으로 모양이 바뀌는 것을 알게 됩니다.

☑ 2개의 삼각형을 합치면 다시 사각형이 되거나 더 큰 삼각형 모양을 만들 수도 있음을 알게 됩니다.

++ 실력이 쑥쑥 ++

▶ 4개 조각으로 만들기

색종이를 4등분하여 삼각형 조각을 4개 만들고, 직사각형이나 큰 삼각형을 만들 어봅니다.

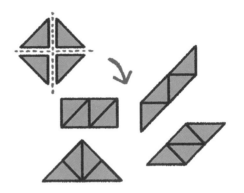

> **TIP**
> 작은 삼각형 4개를 이리저리 붙여서 다양한 모양을 만들어봅니다. 4개 의 삼각형이 원래는 1개의 사각형이 었던 것도 잊지 않도록 합니다.

++ 도전해보기 ++

▶ 다양한 방법으로 4등분 만들어보기

색종이를 반으로 자른 다음 한 번 더 반으로 자르면, 4등분이 됩니다. 다양한 4등분을 생각해 보고 직접 잘라서 만들어봅니다.

> **TIP**
> 세로로 3번, 가로 세로로 1번씩 등 다양한 4등분 방법이 있다는 것을 알려줍니다.

빨대로 장식 만들기

○ 빨대와 끈을 이용하여 정다면체의
  장식을 만들어봅니다.

» 준비물 «

· 빨대(5cm로 자른 것) 6개
· 끈(20cm로 자른 것) 3개

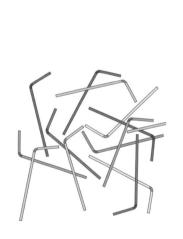

1

빨대 3개에 끈을 꿰어 끝을 꼬아 고정하여 삼각형으로 만듭니다.

2

빨대 2개에 새로운 끈을 꿰웁니다.

3

1의 빨대 1개에 2의 끈을 꿰어 삼각형 2개로 이루어진 마름모 모양을 만듭니다.

4

새로운 끈을 빨대 1개에 꿰고, 3의 빨대 2개에도 양 끝을 각각 꿰어 고정합니다.

5

피라미드 모양은 정사면체라고 할 수 있습니다.

완성!

끈의 끝부분은 묶어서 빨대 속에 넣습니다. 피라미드 모양의 장식이 완성됩니다.

장식물 가지고 놀기

+ +

장식물을 완성한 다음 빨대를 몇 개 사용했는지 세어봅니다.

빨대 색을 바꿔 여러 개 만들어 예쁜 장식물을 만들어봅니다.

✦ 도전해보기

빨대와 끈 수를 늘려서 좀 더 어려운 모양을 도전해봐도 좋습니다. 빨대를 12개 사용하면 정팔면체, 30개를 사용하면 정십이면체를 만들 수 있습니다.

정팔면체

· 빨대 12개
· 끈 7개

위에서 봤을 때 사각형 모양이 되도록 합니다.

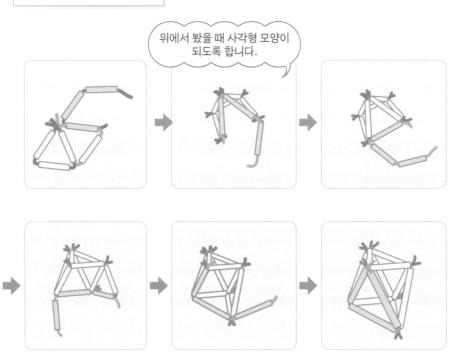

정십이면체

· 빨대 30개
· 끈 20개 정도

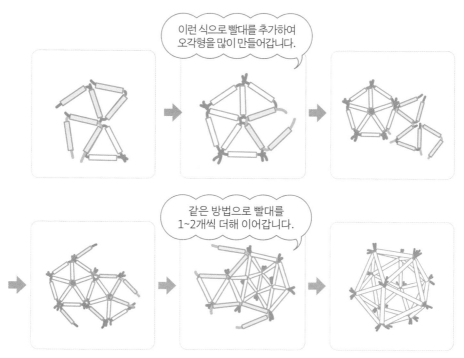

이런 식으로 빨대를 추가하여
오각형을 많이 만들어갑니다.

같은 방법으로 빨대를
1~2개씩 더해 이어갑니다.

대칭 도형 만들기

색종이 자르기① 사각형 자르기

색종이를 접어서 이리저리 자른 다음 펼치면 다양한 모양이 만들어지는
신기한 일이 생깁니다. 사각형이 다양한 모양으로 바뀌는 것을 아이들과
직접 경험해봅니다.

 놀이 방법

1. 색종이를 사각형으로 반으로 접은 다음, 마음에 드는 모양으로 한 곳을 잘라냅
니다.

2. 색종이를 펼쳐서 어떤 모양이 되었는지 확인합니다.

**진행방법
TIP**

• 가위로 한 번 자르기부터 시작하여 이 방법에 익숙해지면 두 번 이상 자르는
  것에도 도전해봅니다.
• '모두 삼각형으로 잘랐는데 다른 모양이 되었네'라고 말하며 자른 곳이
  달라지면 펼쳤을 때의 모양도 달라진다는 것을 알려줍니다.

++ 놀이 목표 ++

☑ 접은 선을 중심으로 한 좌우 대칭 도형(선 대칭 도형)을 만들어봅니다.

☑ 자른 곳이 달라지면 펼쳤을 때의 모양도 달라지는 것을 직접 경험하며 모양에 대해 깊이 이해할 수 있습니다.

++ 실력이 쑥쑥 ++

▶ 4겹으로 접어서 한 곳 자르기

색종이를 사각형으로 두 번 접어 4겹으로 만든 다음, 한 군데를 마음에 드는 모양으로 잘라냅니다.

> **TIP**
>
> 중간점을 중심으로 상하 좌우가 대칭인 도형(점 대칭 도형)을 만들 수 있습니다. 펴기 전에 어떤 모양이 되었을지 생각해봅니다.

++ 도전해보기 ++

▶ 4겹으로 만든 후 두 곳 자르기

두 번 접어 4겹으로 만든 색종이에서 두 곳을 삼각형 모양으로 자릅니다. 각각 어떤 모양이 되었을지 생각해봅니다.

> **TIP**
>
> 자르는 방법에 따라 다양한 모양이 생긴다는 것을 인식한 후 다양한 방법으로 색종이를 잘라봅니다.

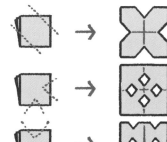

★★★
모양

색종이 자르기② 삼각형 자르기

색종이를 삼각형으로 접어서 자른 다음 펼쳐봅니다. 사각형으로 접었을 때와 모양이 다른 것을 관찰해봅니다.

놀이 방법

1. 색종이를 삼각형으로 반으로 접은 다음 마음에 드는 모양으로 한 곳을 잘라냅니다.

2. 색종이를 펼쳐서 어떤 모양이 되었는지를 확인합니다.

진행방법 TIP

• 사각형으로 접었을 때와는 다른 모양이 만들어집니다. 다양한 모양으로 색종이를 잘라내고 어떤 모양이 되는지 살펴봅니다.

• '삼각형으로 잘랐네'라고 말하며 구체적인 모양의 명칭을 알려주고 사용할 수 있도록 합시다.

++ 놀이 목표 ++

☑ 접은 선을 중심으로 한 좌우 대칭 도형(선 대칭 도형)을 만듭니다.

☑ 앞에서 사각형으로 접었을 때와는 다른 모양이 만들어집니다. 다양한 방법으로 색종이를 자르고 펼친 모양을 생각해보며 사고력을 키웁니다.

++ 실력이 쑥쑥 ++

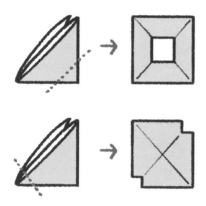

▶ 4겹으로 만든 후 한 곳 자르기

색종이를 삼각형 모양으로 두 번 접어 4겹으로 만든 다음에, 한 곳을 마음에 드는 모양으로 잘라냅니다.

TIP

중간점을 중심으로 상하 좌우가 대칭인 도형(점 대칭 도형)을 만들 수 있습니다. 펼치기 전에 어떤 모양이 되었을지 생각해봅니다.

++ 도전해보기 ++

▶ 곡선으로 자르기

4겹으로 접은 후, 직선이 아닌 곡선으로 잘라봅니다.

TIP

곡선 자르기는 어려우므로 아이 대신 잘라 주어도 좋습니다. 잘라낸 쪽이 어떤 모양이 되는지도 생각해보면 재미있습니다.

만들어보기 — 종이 퍼즐 만들기

° 특별한 재료가 없어도 색종이와
두꺼운 종이를 사용하면 재미있는
퍼즐을 만들 수 있습니다.

» 준비물 «

· 색종이 2장 · 두꺼운 종이(색종이와 같은 크기로 자른 것) 1장
· 가위 · 풀

1

색종이를 삼각형으로 4겹으로 접어서 접은 선을 만듭니다.

2

색종이의 모서리 부분 3개를 중심으로 모아 접어서 접은 선을 만듭니다.

3

색종이의 한 변을 중심으로 맞춰 접어서 접은 선을 만듭니다.

4

두꺼운 종이를 준비하여 겉에 3의 색종이, 뒤에 새로운 색종이를 붙입니다.

5

접은 선 중 위의 그림과 같이 점선에 따라 잘라 나눕니다.

완성!

정사각형 색종이에서 다양한 모양의 조각이 완성됩니다.

퍼즐 가지고 놀기

+ +

만들어진 조각을 나열해 다양한 모양을 만들며 놀면 창의력을 기를 수 있습니다.

+ 퍼즐 놀이

다음은 앞에서 만든 퍼즐을 이용하여 만들 수 있는 모양들입니다. 어떻게 하면 다음과 같은 모양을 만들 수 있는지 생각해보며 다양한 퍼즐 조합을 만들어봅니다.

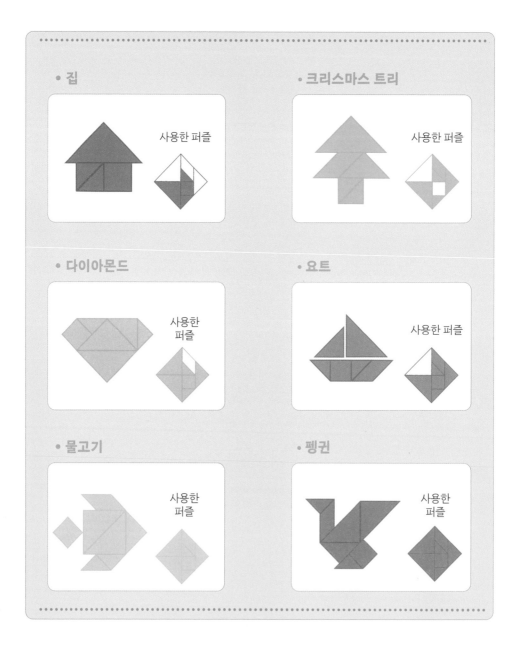

정답

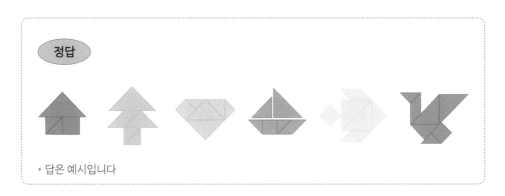

▸ 답은 예시입니다

대칭 도형 만들기

거울에 비추면 변신하는 도형

삼각형 모양의 나무 블록을 거울에 붙여서 비춰보면 사각형이 됩니다.
거울을 이용해 삼각형이나 사각형 모양의 블록이 다른 모양으로 변하는
것을 직접 경험해봅니다.

1. 직각삼각형 모양의 나무 블록을 거울에 붙여 맞춰봅니다.
2. 삼각형의 나무 블록이 거울에 비친 모습과 합쳐져 사각형으로 보이는 것을 확인합니다.

진행방법 TIP

• 나무 블록이 없는 경우엔 색종이로 만든 퍼즐 조각을 사용해도 좋습니다.
• 직각삼각형 모양의 나무 블록은 세 변 중 가장 긴 변을 거울에 붙여야 사각형이 됩니다. 아이 옆에서 '여기를 거울에 붙여봐'라고 알려주어도 좋습니다.

++ 놀이 목표 ++

☑ 도형을 거울에 붙여 비춰보면 거울을 중심으로 한 좌우 대칭 모양(선 대칭 모양)
이 만들어지는 것을 알 수 있습니다.

☑ 다양한 입체 도형을 거울에 비춰보며 모양이 다양하게 바뀌는 것을
알아봅니다.

++ 실력이 쑥쑥 ++

▶ 거울에 다른 면을 붙여보기

삼각형의 다른 면을 거울에 붙여봅니
다. 이번엔 큰 삼각형이 됩니다.

TIP

거울에 붙이는 면이 달라지면,
모양도 달라지는 것을 깨닫게 합
니다.

++ 도전해보기 ++

▶ 거울에 비춰보기

3개의 나무 블록을 거울에 비춰봅니다.
합쳐서 몇 개의 나무 블록이 보일까요?

TIP

모양뿐만 아니라 개수에도 주목해봅니
다. 거울에 비추어보면 블록의 개수도
두 배로 늘어나는 것을 알 수 있습니다.

입체 도형 만들기

나무 블록 높이 쌓기

나무 블록 놀이는 입체 도형에 대한 감각을 키워줍니다. 나무 블록을 가지고 놀면서 다양한 수학 용어를 사용해 도형에 대한 친근감을 느끼게 합니다.

 놀이 방법

1. 정육면체의 나무 블록을 3~10개 정도 준비합니다.
2. '블록을 3개 쌓아보자'와 같이 개수를 지정하여 그 수만큼 나무 블록을 세로로 쌓습니다.

진행방법 TIP

- 높이 쌓기 위해서는 가능한 한 아래 부분이 딱 맞도록 쌓아야 한다는 것을 깨 닫게 합니다. 1개씩 세면서 천천히 블록을 쌓아봅니다.
- 우선 3개를 쌓는 것에서부터 시작합니다. 3개를 쌓을 수 있게 되면 블록 개수 를 늘려서 더 높이 쌓아봅니다.

++ 놀이 목표 ++

☑ 쌓는 블록의 개수가 많아지면 높이가 높아진다는 것을 감각적으로 이해하면서 개수에 대한 감각을 익힐 수 있습니다.

☑ 정육면체의 블록을 사용하여 놀이를 하는 것은 초등학교에서 배우는 부피에 대한 기본적인 개념을 익히는 데 도움이 됩니다.

++ 실력이 쑥쑥 ++

▶ 누가 높이 쌓을까?

아이와 함께 누가 블록을 높이 쌓는지 겨루어봅니다.

TIP

같은 크기와 같은 모양의 나무 블록을 사용한 경우, 개수가 많은 쪽이 높아진다는 것을 깨닫게 합니다.

++ 도전해보기 ++

▶ 닮은 모양 찾기

같은 개수의 나무 블록을 다양한 방식으로 쌓아봅니다. 무엇으로 보일까요?

TIP

쌓아놓은 블록이 어떤 모양처럼 보이는지 생각해보는 것은 아이의 창의력을 높이는 데에 매우 중요합니다.

전개도 만들기

박스를 펼치면 어떤 모양이 될까?

입체 상자를 펼치면 평면이 되는 것을 직접 경험해보며 도형에 대한 감각을 익힙니다.

· ·

1. 티슈나 과자의 빈 박스를 준비합니다.

2. 양쪽 옆을 열고 하나의 면을 가위로 잘라 상자를 펼칩니다.

**진행방법
TIP**

· '여기를 잘랐더니 상자가 납작해졌네'라고 말하며 입체 상자가 평면이 된 것을 깨닫게 합니다.

· 다양한 크기와 모양의 상자를 준비하면 차이를 비교하며 즐길 수 있습니다.

++ 놀이 목표 ++

☑ 입체인 물건을 펼치면 평면이 된다는 것을 직접 경험으로 익힙니다.

☑ 이런 활동은 초등학교에서 배우는 입체 도형 전개도의 학습으로 이어
집니다.

++ 실력이 쑥쑥 ++

▶ 휴지심 잘라보기

휴지심을 세로로 잘라 펼쳐봅니다.

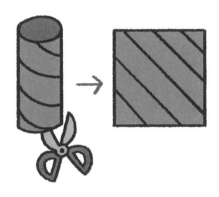

TIP

원통형 입체 도형의 전개도는 사각
형이 됩니다. 입체 도형과 평면 도
형의 모양의 차이에 주목해봅니다.

++ 도전해보기 ++

▶ 펼친 상자를 다시 조립하기

평면으로 펼쳐놓은 빈 상자를 준비합니
다. 어떤 모양이 될지 예상하면서 조립해
봅니다.

TIP

평면 도형을 입체 도형으로 만들면
서 입체에 대한 감각을 익힙니다. 상
자의 문자나 무늬 방향도 관찰하면
서 만들어봅니다.

★★★
모양

모양 그리기

▼
▼

따라 그리기와 점 잇기

점 잇기와 같은 활동은 수학과는 관련이 없어 보이지만, 따라 쓰기나 점 잇기는 추리력과 이미지 능력을 키우는 데에 큰 도움이 됩니다.

놀이 방법

1. 옅은 색의 색연필로 도화지에 간단한 그림을 먼저 그려둡니다.
2. 아이가 색연필을 이용하여 미리 그려놓은 옅은 선을 따라 그림을 그리게 합니다.

**진행방법
TIP**

- 아이가 연필을 쥐는 방법이 제대로 되었는지도 주의 깊게 살펴봅니다.
- 직선이나 긴 선을 그리는 건 아이에게 쉬운 일이 아닙니다. 따라서 가능하면 단순한 그림을 따라 그리는 것부터 시작하는 것이 좋습니다.

✚✚ 놀이 목표 ✚✚

☑ 연필로 직선과 곡선을 잘 그리게 됩니다

☑ 도형을 그리는 능력은 초등학교의 서술형 문제를 표를 그려 생각하거나 도형 문제를 원활하게 푸는 힘으로 이어집니다.

✚✚ 실력이 쑥쑥 ✚✚

▶ 점 잇기

도화지에 어른이 세로 4줄, 가로 4줄로 점을 그립니다. 점과 점을 이어 마음에 드는 그림을 그립니다.

> **TIP**
>
> 점과 점 간격이 넓으면 어려워지므로, 처음엔 2cm 정도의 좁은 간격으로 점을 그려넣습니다.

✚✚ 도전해보기 ✚✚

▶ 견본을 보면서 그리기

세로 5줄, 가로 5줄로 점을 그린 도화지를 2장 준비하고, 어른이 먼저 그림을 그린 다음 아이가 따라 그리도록 합니다.

> **TIP**
>
> 견본대로 도형을 그리는 것은 관찰력을 향상시키는 데 도움이 됩니다.

— ## 주사위 만들기

○ 전개도를 가지고 주사위를 만들어 봅니다. 평면 도형인 정사각형을 이용하여 입체 도형인 정육면체를 만들 수 있음을 확인할 수 있습니다. 또한 주사위를 가지고 놀면서 평면 도형과 입체 도형의 특성을 인식할 수 있습니다.

» 준비물 «

- 두꺼운 종이(5cm×5cm의 정사각형으로 자른 것) 6장
- 색종이(5cm×5cm의 정사각형으로 자른 것) 6장
- 원 모양 스티커 21장 · 가위 · 풀 · 테이프

1

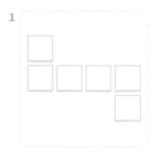

다음 페이지의 다양한 형태의 전개도 모양으로 두꺼운 종이 6장을 배열합니다.

2

테이프로 틈이 생기지 않도록 종이를 고정하고 주사위 모양으로 조립합니다.

3

색종이 6장에 1~6개까지 원 모양 스티커를 붙여 주사위의 눈을 만듭니다. 이때 색종이는 여러 가지 색을 사용해도 좋습니다.

4

2에서 만든 정육면체의 6개 면에 3에서 만든 주사위 눈이 붙은 색종이 6장을 각각 붙입니다. 이때 실제 주사위를 보고 참고합니다.

5 완성!

평면 도형을 이용하여 입체 도형을 만드는 것이 이 활동의 핵심입니다. 다음 페이지를 참고하여 다양한 전개도로 만들어봅니다.

+ +

'아래 면에 숨겨진 눈은 몇 개일까?'와 같은 퀴즈를 내서 입체를
관찰하는 기회를 만들어봅니다. 이 밖에도 주사위를 가지고 다
양한 놀이를 즐기며 입체 도형의 특성을 파악해봅니다.

» 전개도 «

정육면체의 전개도는 다음과 같이 모두 11개입니다. 다양한 모양의 전개도를 가지고 주사위
를 만들어봅니다.

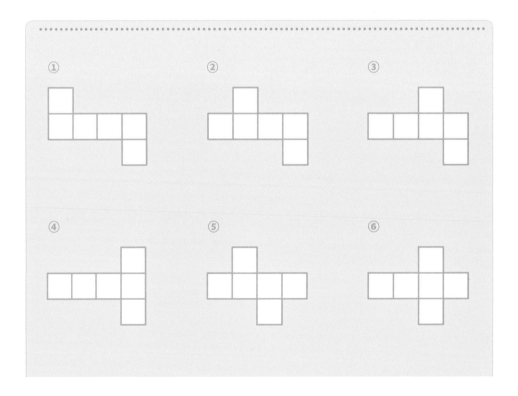

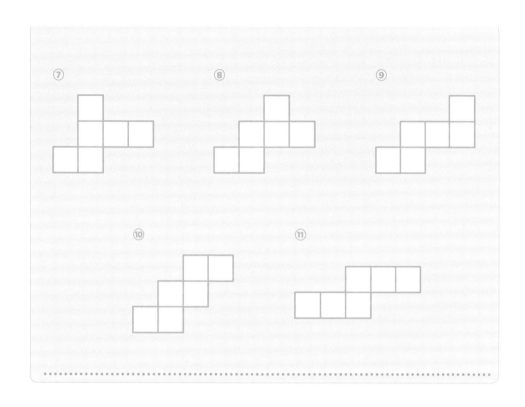

⑦　⑧　⑨

⑩　⑪

3 논리력 놀이

논리적으로 사고하는 힘은 수학을 배우는 근본적인 이유입니다.
3부에서는 크고 작은 것의 비교, 높고 낮은 것의 비교, 무겁고 가벼운 것의
비교, 규칙성 등 논리적 사고의 기본이 되는 개념을 배울 수 있는 다양한 놀
이들을 소개하고 있습니다. 여기서 소개하는 놀이를 통해 아이들과 함께 생
각하는 과정의 즐거움을 느껴보세요.

물의 부피

물이 늘어났어요!

목욕은 물의 '부피'를 배울 수 있는 가장 좋은 환경입니다. 욕조 안 물의 높이가 올라가고 물이 넘치는 것을 보고 즐기며 양의 감각을 익힙니다.

1. 아이가 먼저 욕조에 들어갑니다.

2. 아이에게 욕조 안 물의 높이를 손가락으로 가리키게 합니다. 욕조에 한 사람이 더 들어가면 물의 높이가 달라집니다. 물 높이의 변화를 함께 확인합니다.

진행방법 TIP
- '물 밖에 있던 손가락이 물 속에 들어갔네'라고 말하며 물의 높이가 달라진 것을 감각적으로 파악할 수 있도록 합니다.
- 반대로 먼저 어른이 들어가 수면 높이를 표시하고, 아이가 들어가는 것도 해봅니다.

++ 놀이 목표 ++

☑ 사람이 욕조에 들어가면 물의 높이가 달라진다는 것을 경험을 통해 알게 됩니다.

☑ 물의 부피는 아이들이 어려워하는 주제 중의 하나입니다. 이러한 체험을 통해
'부피'의 개념을 감각적으로 이해할 수 있게 됩니다.

++ 실력이 쑥쑥 ++

▶ **물이 넘쳐요!**

욕조에 물을 가득 채운 후 아이와 함께
욕조에 들어가 물이 넘치게 해봅니다.

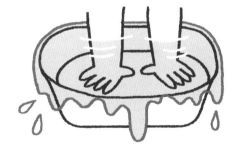

▶ **세면대에서도 물이 넘쳐요!**

세면대에도 물을 가득 채운 다음 양손을
넣어 물이 넘치게 해봅니다.

TIP

물이 가득 차 있는 상태에서 물건을 더 넣으면 물이 넘친다는 것을 직접 체험해봅니다.

물의 부피

어느 쪽 물이 더 많을까?

물 양은 아이에게 어려운 개념입니다. 아이의 생활과 연결시켜 이해하도록 합니다.

1. 같은 크기의 컵을 2개 준비한 후 한 개의 컵에는 물을 가득 넣고 다른 하나에는 반만 넣습니다.
2. 어느 쪽 컵에 물이 더 많이 들어 있는지 생각해보게 합니다.

진행방법
TIP
- 높이의 차이를 이해하기 쉽게 투명한 컵을 사용합니다.
- 물이 아닌 주스를 사용하면 보다 알기 쉽습니다. '더 많이 들어 있는 쪽의 주스를 마셔볼까?'라고 말하면 일상적인 간식 시간이 흥미로운 수학 시간이 됩니다.

+ + 놀이 목표 + +

☑ 같은 크기의 그릇에 들어 있는 물의 양을 비교하고, 양의 차이를 감각적으로 파악하게 합니다. 먼저 어떤 상태를 '더 많다'라고 하는지 직접 경험해봅니다.

☑ 이 과정은 초등학교에서 배우는 물의 부피 단원으로 연결됩니다.

+ + 실력이 쑥쑥 + +

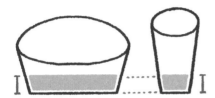

▶ 크기가 다른 그릇의 양 비교하기

크기가 다른 2개의 그릇에 같은 높이가 되도록 물을 넣습니다. 어느 쪽에 물이 더 많이 들어 있을지 생각하게 합니다.

> **TIP**
>
> 밥그릇과 컵 등 크기의 차이를 알기 쉬운 그릇을 사용합니다.
> 물의 높이가 같아도 그릇의 크기에 따라 물의 양이 다르다는 사실을 깨닫게 합니다.

+ + 도전해보기 + +

▶ 1리터는 몇 컵일까?

1리터짜리 페트병에 들어 있는 물을 컵에 옮겨 담습니다. 페트병의 물을 모두 담으려면 컵이 몇 개 필요할지 생각해봅니다.

> **TIP**
>
> 같은 크기의 컵을 사용하는 것이 좋습니다. 이 과정을 통해 1리터짜리 페트병의 물은 대략 컵 몇 개인지 알아보며 양에 대한 감각을 익힙니다.

크기 비교

큰 순서대로 나열하기

다양한 크기의 그릇을 놓고 크기를 비교해봅니다. 그릇을 큰 순서대로 나열해보며 크기의 차이를 이해할 수 있게 됩니다.

1. 크기가 다른 그릇을 3~5개 준비합니다.
2. 하나씩 그릇의 크기를 비교하여 큰 순서대로 나열합니다.

진행방법 TIP
- 크기만 다를 뿐 형태가 비슷한 그릇을 사용하면 크기를 비교하기가 더 쉽습니다.
- 비교가 끝났으면 큰 순서대로 겹쳐서 정리해봅니다.

++ 놀이 목표 ++

☑ 비교하는 것은 수학의 기본적인 개념 중 하나입니다.

☑ 2개 이상의 물건을 비교하여 어느 쪽이 더 큰지 알 수 있게 됩니다.
이 과정에서 순서대로 생각하는 연습을 할 수 있습니다.

++ 실력이 쑥쑥 ++

▶ 작은 순서대로 나열하기

'큰' 순서대로 나열할 수 있게 되면 이번엔
'작은' 순서대로 나열해봅니다.

> **TIP**
>
> 큰 순서대로 나열할 수 있다고 해서 바
> 로 작은 순서대로 나열할 수 있는 것은
> 아닙니다. 천천히 확실히 익혀봅니다.

++ 도전해보기 ++

▶ 몇 번째로 클까?

'어느 것이 두 번째로 클까?'와 같이 크기의
순서를 맞추는 문제를 내봅니다.

이것!

어떤 것이
두 번째로
클까?

> **TIP**
>
> '몇 번째로 크다'와 같은 크기의 순서에
> 대해 이해하게 합니다. 큰 순서를 이해
> 했다면 '몇 번째로 작을까?'라는 질문을
> 하며 작은 순서에 대해서도 알아봅니다.

같은 모양, 같은 크기

신발 정리하기

두 짝이 한 켤레인 신발을 정리하면서 좌우 반전한 모양이나 크기의 차이에 대해 알게 됩니다.

1. 3~5켤레의 신발을 뿔뿔이 흩어놓습니다.
2. 모양과 크기를 관찰하면서 올바른 짝을 찾아서 정리하게 합니다.

진행방법 TIP
- 처음에는 신발의 좌우를 바꾸어놓거나 거꾸로 놓아도 괜찮습니다. 우선은 올바른 짝을 찾는 것에 집중합니다.
- 빨간색 하이힐, 노란색 운동화, 갈색 구두 등 다양한 색과 모양의 신발을 흩어놓으면 아이가 짝을 찾기 쉽습니다.

✚ ✚ 놀이 목표 ✚ ✚

☑ 신발은 좌우를 각각 반전한 모양이 한 켤레가 됩니다. 잘 관찰하여 좌우 반전한 같은 모양, 같은 크기의 신발을 찾는 연습을 합니다.

✚ ✚ 실력이 쑥쑥 ✚ ✚

▶ 큰 순서대로 나열하기

신발의 짝을 찾은 다음 크기 순서대로 나열해봅니다.

> **TIP**
> 신발 크기를 비교할 때는 세로 길이에 주목하도록 합니다. 중간에 짝이 흩어지지 않도록 주의합니다.

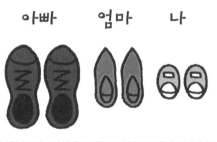

아빠   엄마   나

✚ ✚ 도전해보기 ✚ ✚

▶ 좌우 확인하기

신발의 올바른 짝을 찾았으면, 좌우가 올바르게 놓였는지 확인합니다.

> **TIP**
> 좌우 개념은 아이가 이해하기 어려운 개념입니다. 잘 관찰하여 모양의 차이를 깨닫는 것부터 시작합니다.

논리

높은 순서대로 나열하기

책은 크기나 모양이 제각기 다릅니다. 책을 정리하면서 높이를 비교하여 높은 순서대로 나열하는 연습을 해봅니다.

 놀이 방법

1. 그림책이나 도감 등 높이가 다른 책을 3~5권 준비합니다.
2. 한 권씩 높이를 비교하여 높은 순서대로 책장에 정리하게 합니다.

진행방법 TIP
• '높다/낮다', '크다/작다', '길다/짧다'와 같이 대응하는 단어를 가르칠 때는 먼저 하나의 개념을 분명하게 가르친 후 반대되는 개념을 가르칩니다.

++ 놀이 목표 ++

☑ 여러 사물의 높이를 비교하여 더 큰 것을 구분할 수 있습니다.

☑ '높다/낮다', '크다/작다', '두껍다/얇다', '무겁다/가볍다' 등의 수학적 개념을 익힙니다.

++ 실력이 쑥쑥 ++

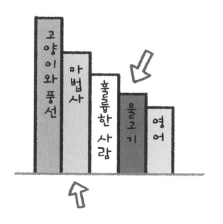

▶ 가장 높은 것 찾기

5권 정도의 책을 높이 순서대로 나열하여 '2번째로 높은 건 어느 책일까?', '2번째로 낮은 책은 어느 책일까?'와 같은 질문을 던져 높이의 순서를 익히게 합니다.

> **TIP**
>
> 순서를 나타내는 숫자에 익숙해지도록 합니다. 책 5권을 높이 순서대로 정리할 경우, '3번째로 높은 것'과 '3번째로 낮은 것'은 같은 책이 된다는 것을 알게 합니다.

++ 도전해보기 ++

▶ 다양한 방법으로 순서를 나열하기

높은 순서와 낮은 순서대로 나열할 수 있게 되었다면, '두껍다/얇다', '무겁다/가볍다' 등 다른 비교 방법도 적용해봅니다.

> **TIP**
>
> 높이뿐만 아니라 다양한 비교 방식을 직접 경험하게 합니다.

시계 보기

지금 몇 시야? 무엇을 할까?

시각을 인식할 수 있도록 '8시가 되었네', '10시가 되면 OO을 하자'라고
말하며 시간 개념과 함께 해야 할 일을 알려줍니다.

1. 수제 시계나 건전지가 들어가지 않은 시계를 사용하여 정각을 나타냅니다.

2. 시계를 이용하여 식사나 목욕 등을 해야 할 시간을 보여주며 '8시니까 목욕하
러 가자'와 같이 시각을 알려줍니다.

**진행방법
TIP**

- 시간을 읽는 올바른 표현을 여러 번 들려주며 자연스럽게 읽는 방법을 익히게 합
니다.
- 시간 감각을 익히기 위해서는 디지털보다는 아날로그 시계가 적합합니다. 또한
일어나는 시간이나 식사 시간 등 정해진 시간을 시계 그림으로 그려 잘 보이는
위치에 붙여두는 것도 효과적입니다.

++ 놀이 목표 ++

☑ 각각의 시간에 시침과 분침의 위치가 어떻게 되는지 알려줍니다.

☑ 하루 동안의 시간의 흐름을 인식시켜 시간 감각을 익히게 합니다.

++ 실력이 쑥쑥 ++

▶ ○시 반

'7시 반' 등 '반'이란 표현도 사용하도록
합니다.

TIP

'○시' 다음은 '○시 반'이라는 시간
이 있음을 알려줍니다. '분'은 아직
사용하지 않아도 됩니다.

++ 도전해보기 ++

▶ 지금 몇 시일까?

실제 아날로그 시계를 보고 몇 시인지
대답하게 합니다.

TIP

시계가 달라도 시간을 읽는 방법
은 달라지지 않습니다. 시계는
1~12까지 숫자가 표시되어 있는
것을 사용하는 것이 좋습니다.

시계 보기

긴 바늘이 6에 오면 몇 분일까?

아날로그 시계에서 바늘의 움직임과 시간 경과를 연결하여 생각할 수 있도록 생활 속에서 익혀봅니다.

1. 어떤 행동을 하기 10분 전에 '긴 바늘이 6에 오면 OO하자'라고 말하며 행동을 시작할 시간을 지정합니다.

2. 지정한 시간이 되면 아이가 알려주도록 합니다.

진행방법 TIP • 처음에는 '이젠 긴 바늘이 6에 갔을까?'라고 말하며 시곗바늘의 움직임을 인식하도록 합니다.

++ 놀이 목표 ++

☑ 긴 바늘의 움직임을 보고 10분은 어느 정도의 시간인지 시간에 대한 감각을 키웁니다.

☑ 다음 행동을 예상하여 지금 무엇을 하면 좋을지 예측하게 합니다.

++ 실력이 쑥쑥 ++

▶ 10분보다 긴 시간

20분 후, 30분 후 등 긴 시간도 긴 바늘의 움직임을 통해 알 수 있도록 합니다.

> **TIP**
>
> 시간 감각은 금방 익힐 수 있는 것이 아닙니다. 초조해하지 말고, 경험을 쌓아가는 것이 중요합니다.

++ 도전해보기 ++

▶ 앞으로 몇 분?

'이제 10분 지나면 정리하자' 등 '분'으로 시간을 정해서 주어진 행동을 시작하게 합니다.

> **TIP**
>
> 서서히 '○분 후'라는 표현을 사용하면서 10분이라는 시간의 길이를 감각적으로 익히도록 합니다.

∘ 원 모양의 두꺼운 도화지와 색종이를 이용하여 시계를 만들어봅니다. 시계를 만들 때는 실제 시계를 참고로 합니다.

» 준비물 «

· 1회용 플라스틱 접시 1개 · 색종이(6색) 6장 · 원 모양 스티커 12장
· 두꺼운 종이 1장 · 단추 1개 · 긴 실(10cm 정도) 1개
· 가위 · 풀 · 컴퍼스 · 각도기 · 펀치 · 유성펜 · 테이프

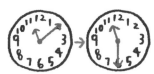

+ 숫자판 만들기

1

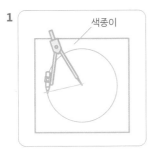

색종이

플라스틱 접시보다 조금 작은 원이 되도록 컴퍼스로 색종이 뒤에 원을 그린 다음 선을 따라 자릅니다.

2

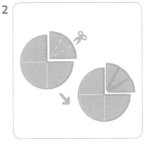

1의 색종이를 반으로 두 번 접어 4등분으로 자릅니다. 그중 1장을 각도기로 30도씩 나눠 3장으로 자릅니다.

3

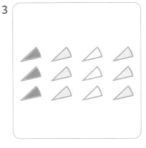

다른 색의 색종이로 1, 2를 반복하여 4가지 색으로 12장의 조각을 만듭니다.

4

플라스틱 접시의 가운데에 컴퍼스로 구멍을 뚫습니다.

5

3에서 만든 종이조각을 같은 색이 옆에 오지 않도록 플라스틱 접시에 붙입니다.

6

동그라미 색이 짙은 경우엔 유성펜으로 써도 좋습니다!

원 모양의 스티커에 유성펜으로 1부터 12까지 숫자를 쓰고 색종이로 만든 종이조각 주위에 붙입니다.

✛ 시침과 분침 만들기

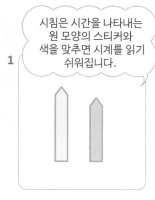

1

> 시침은 시간을 나타내는 원 모양의 스티커와 색을 맞추면 시계를 읽기 쉬워집니다.

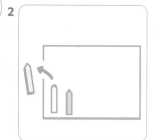

2

3

2가지 색의 색종이를 이용하여 긴 바늘과 짧은 바늘의 형태를 만들어 자릅니다.

1에서 색종이로 만든 시침과 분침을 두꺼운 종이에 붙여 모양에 맞춰 잘라냅니다.

바늘 끝부분에 구멍을 뚫습니다.

✛ 숫자판과 바늘 합치기

완성!

단추에 실을 통과시켜 축을 만듭니다. 위의 그림과 같이 실을 통과시켜 뒷면에 테이프로 고정합니다.

시곗바늘을 돌려 마음에 드는 시간으로 설정해봅시다.
116~119쪽의 수제 시계를 이용한 활동을 해봅니다.

» 실력이 쑥쑥 «

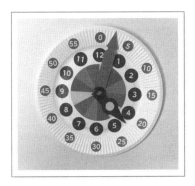

오른쪽의 그림과 같이 '분'을 나타
내는 스티커를 더하거나 바늘의 모
양을 바꿔서 자신만의 시계를 만들
어봅니다.

'분'을 나타내는 스티커는 '시'를 나타내는 스티
커의 바깥쪽에 붙입니다. '분'을 나타내는 스티
커는 분침과, '시'를 나타내는 스티커는 시침과
같은 색으로 맞추면 아이들이 시간을 읽는 데 도
움이 됩니다.

규칙성 찾기

다음엔 무슨 색으로 바뀔까?

숫자든 모양이든 규칙성을 찾는 것은 중요합니다. 이는 프로그래밍을 위한 사고로도 이어집니다.

1. 차량용 신호등을 관찰해봅니다.

2. '다음에는 무슨 색이 켜질까?'라고 질문하여 다음에는 어떤 색 불이 켜질지 예측해보게 합니다.

진행방법 TIP
- 천천히 색의 변화를 관찰하면서 다음에 켜질 색을 예상해보게 합니다.
- 아이가 다음에 켜질 색을 말하면 왜 그렇게 생각했는지 물어보면서 불이 켜지는 순서가 있다는 것을 깨달았는지 알아봅니다.

++ 놀이 목표 ++

☑ 반드시 정해진 순서대로 켜지는 신호등을 관찰하며 규칙성을 이해하도록 합니다.

☑ 규칙성을 찾아 순서를 예상하거나 관계를 생각하는 논리적 사고력을 익힐 수 있습니다.

++ 실력이 쑥쑥 ++

▶ 순서대로 나열하기

공원 등에서 돌, 나뭇가지, 낙엽을 여러 개 주워 규칙적으로 나열해봅니다.

▶ 주변 사물에서 규칙성 찾기

횡단보도의 흰색과 검은색 줄, 화단 꽃 색깔 등 일상생활 속에서 규칙성을 갖고 있는 것을 찾아봅니다.

TIP

다양한 놀이를 하면서 규칙성(순서)을 찾아봅니다. 종류나 모양, 색 등 다양한 규칙성을 직접 찾아봅니다.

★★

논리

위치 인식하기

원의 어느 쪽에 있을까?

위치 인식은 단어로만 익히는 것이 아니라 몸으로 익힐 때 더 분명하게 알 수 있습니다.

놀이 방법

1. 줄넘기의 줄이나 훌라후프를 사용하여 바닥에 원을 만듭니다.
2. '원 안!', '원 밖!' 등 지시에 따라 원의 안과 밖을 왔다 갔다 하는 게임을 해봅니다.

진행방법 TIP
- 익숙해지면, '손을 치면 밖' 등 조금 어려운 지시에도 도전해봅니다. 어른과 어린이가 역할을 바꿔 해도 재밌습니다.
- 평소 생활에서도 '안/밖'과 같은 수학 용어를 사용할 수 있게 합니다.

＋＋ 놀이 목표 ＋＋

☑ '안/밖'을 가르치는 것부터 시작하여 '위/아래', '앞/뒤', '좌/우'로 범위를 넓혀 서서히 위치에 대한 다양한 개념을 익히도록 합니다. 이 개념들은 수학에서도 중요한 것이므로 한 쌍씩 차근차근 이해하도록 합니다.

＋＋ 실력이 쑥쑥 ＋＋

▶ 색이 다른 2개의 원으로 위치 찾기

색이 다른 원 2개를 준비한 뒤 '회색 원 안', '빨간색 원 밖' 등 조건을 추가해 조금 더 복잡한 놀이를 해봅니다.

TIP

조건이 늘어나면 난이도가 올라갑니다. 게임과 같이 즐기면서 도전해봅니다.

＋＋ 도전해보기 ＋＋

▶ 오른쪽 원, 왼쪽 원

2개의 원을 '오른쪽 원' '왼쪽 원'과 같이 말을 바꿔 도전해봅니다.

TIP

게임처럼 즐기면서 '왼쪽/오른쪽'에 대한 감각을 키워나갑니다.

왼쪽   오른쪽

길이 재기

걸음으로 거리 재기

자신이 걷는 폭이 어느 정도인지 감각으로 파악하여 다양한 사물과의 거리를 측정해봅니다.

1. 두 사람이 조금 떨어진 위치에 섭니다.
2. 상대방에게 가려면 몇 걸음이 필요한지 걸음의 수를 세면서 놀아봅니다.

진행방법 TIP
- '1, 2, 3…'과 같이 함께 걸음의 수를 세어봅니다.
- 평소 보폭뿐만 아니라 큰 보폭, 작은 보폭으로도 세어봅니다.

++ 놀이 목표 ++

☑ 이 놀이를 통해 길이에 대한 감각을 키웁니다.

☑ 이는 초등학교에서 배우는 cm, m 등 길이 단위의 감각에 대한 기초가 됩니다.

++ 실력이 쑥쑥 ++

▶ 보폭 비교하기

2명이 같은 위치에서 시작하여 5걸음 나아갑니다. 어디까지 갈 수 있을까요?

TIP

같은 5걸음이어도 사람이나 보폭에 따라 길이가 달라진다는 것을 경험을 통해 알게 합니다.

++ 도전해보기 ++

▶ 몇 걸음 떨어져 있을까?

전봇대에서 다음 전봇대까지의 거리 등 다양한 사물과 사물 사이의 거리가 몇 걸음 거리인지 세어봅니다.

1, 2, 3, 4 …

TIP

거리를 비교하기 위해서는 평소 보폭으로 하여 길이를 셀 때의 기준을 만듭니다.

지도 보며 목적지까지 가기

지도를 보면서 걸으면 거리 감각, 도형 감각 등 공간에 대한 다양한 감각을 종합적으로 향상시킬 수 있습니다.

1. 집을 나오기 전에 지도를 펴서 목적지에 표시를 합니다.
2. 목적지까지 가는 길을 선으로 표시해둡니다.
3. 밖으로 나와 지도를 따라 걸으며 목적지로 향합니다.

**진행방법
TIP**

• 아이들이 쉽게 볼 수 있는 간단한 지도나 직접 만든 지도를 사용합니다.
• '지금은 여기에 있어', '저기에서 오른쪽으로 꺾어서 가야 해'와 같이 말하며 현재 자신의 위치와 다음으로 가야 할 곳 등을 확인합니다.
• 오른쪽과 왼쪽 개념은 어려우므로 처음엔 정확하게 이해하지 않아도 괜찮습니다. 먼저 '꺾어서 간다'라는 것을 이해하게 합니다.

++ 놀이 목표 ++

☑ 지도를 보며 동네를 걷는 경험을 하면서 주위의 경치를 인식하고, 사물의 방향이나 모양, 위치 관계 등을 인식하는 공간 인식력을 발달시킬 수 있습니다.

☑ 실제로 거리를 걸어보면서 구체적인 거리 감각을 체험할 수 있습니다.

++ 실력이 쑥쑥 ++

▶ 목적지까지 가는 길을 떠올려보기

자주 걷는 길을 떠올리면서 높은 건물이나 큰 간판 등 목적지까지 이정표가 될 만한 것들을 생각해봅니다.

▶ 지도 만들기

아이와 함께 간단한 동네 지도를 만들어봅니다.

TIP

정확한 지도를 그리지 못해도 괜찮습니다. 즐기면서 익숙한 공간을 재현하는 연습을 해봅니다. 평소에 주위를 잘 관찰하는 것이 중요합니다.

논리

상하 좌우 보물찾기 게임

위치를 나타내는 수학적 개념인 '위/아래', '왼쪽/오른쪽'을 사용하여 보물 찾기를 해봅니다.

위에서 3번째, 왼쪽에서 2번째

1. 두꺼운 종이를 잘라 카드를 16장 만듭니다.

2. 16장 중에서 1장에 당첨 그림을 그린 다음, 가로세로 4장씩 테이블에 뒤집어 올려놓습니다.

3. '위에서 몇 번째, 왼쪽에서 몇 번째'와 같이 힌트를 주어 아이가 당첨 카드를 찾게 합니다.

진행방법 TIP
- '위/아래', '왼쪽/오른쪽'과 같은 위치를 나타내는 용어와 그 의미를 이해하게 합니다.
- '당첨 카드를 찾으면 사탕을 1개 획득!' 등 즐거운 경품이 있으면 아이의 의욕도 올라갑니다.

++ 놀이 목표 ++

☑ '위/아래', '왼쪽/오른쪽'과 같은 수학 용어를 사용하여 위치를 나타낼 수 있음을 배웁니다.

☑ '~에서 몇 번째'와 같이 순서를 나타내는 말을 능숙하게 사용하게 합니다.

++ 실력이 쑥쑥 ++

▶ 위치 설명하기

역할을 바꾸어 아이가 당첨 카드의 위치를 설명하게 합니다. 아이가 카드의 위치를 올바로 표현할 수 있는지 확인합니다.

TIP
'위/아래', '왼쪽/오른쪽' 등의 다양한 표현을 사용하여 카드의 위치를 설명해 보게 합니다.

++ 도전해보기 ++

▶ 5장 x 5장으로 보물찾기

카드를 25장으로 늘려 가로세로 5장씩 놓고 위치를 설명하게 해봅니다.

TIP
카드가 늘어나면 위치를 세는 것도 어려워집니다. 아이가 25장의 카드로 놀이를 하는 데 익숙해지면 카드를 좀 더 늘려봅니다.

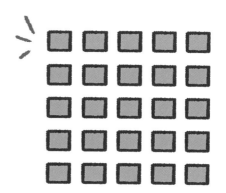

긴 순서대로 나열하기

색연필을 사용하여 길이를 비교하는 연습을 해봅니다. 이처럼 길이를 비교하는 것은 길이의 단위에 대한 감각을 익히는 데 도움이 됩니다.

1. 여러 개의(10개 정도) 색연필을 준비합니다.
2. 길이를 비교하여 긴 순서대로 다시 나열해봅니다.

진행방법 TIP
- '길이를 비교하기 위해서는 끝은 맞춰야 해'라고 말하며 끝을 맞추면 길이를 비교하기 쉬워진다는 것을 알려줍니다.
- 처음에는 색연필과 같이 길이를 비교하기 쉬운 물건을 사용합니다.

✚✚ 놀이 목표 ✚✚

- ☑ 여러 사물의 길이를 비교할 수 있게 됩니다.
- ☑ '길다/짧다'라는 개념을 이해하고 능숙하게 이 표현들을 사용할 수 있게 됩니다.

✚✚ 실력이 쑥쑥 ✚✚

▶ 털실 길이 비교하기

털실을 임의의 길이로 5개 잘라 길이를 비교합니다.

> **TIP**
>
> 털실처럼 구불구불한 것도 길이를 비교할 수 있음을 알려줍니다. 털실 역시 끝을 맞춘 다음 직선으로 늘려 길이를 비교해보게 합니다.

✚✚ 도전해보기 ✚✚

▶ 털실로 자 만들기

털실을 임의의 길이로 자릅니다. 그것을 기준으로 다양한 물건의 길이를 비교해봅니다.

> **TIP**
>
> 털실을 사용하여 평면뿐만 아니라 곡면의 길이를 비교하는 방법도 알려줍니다.

?

무게 비교하기

어느 것이 더 무거울까?

페트병을 이용하여 '무겁다/가볍다'라는 개념을 직접 경험하면서 무게에 대한 감각을 익힙니다.

1. 500mL짜리 페트병 6개를 준비하여 3개는 빈 채로, 남은 3개는 물을 넣어 각각 봉지에 넣습니다.

2. 봉지를 들어보고 어느 쪽을 쉽게 들 수 있는지 비교해봅니다.

진행방법 TIP

- 같은 개수의 페트병이지만, 물이 들어 있는 페트병 봉지는 들기 힘듭니다. '무거워서 못 들겠지?', '가벼워서 쉽게 들 수 있네'라고 말하며 '무겁다/가볍다'의 개념을 익히게 합니다.
- 페트병 개수는 3개가 아니어도 되지만, 무게 차이가 많이 나게 하면 무게를 비교하기 쉽습니다.

++ 놀이 목표 ++

☑ 물건 2개의 무게를 비교합니다. '이쪽이 더 무겁다'라고 느끼면서 자연스럽게 무게를 비교하고 무게에 대한 감각을 익힙니다.

☑ '무겁다/가볍다'라는 개념을 배우며 이런 표현을 자연스럽게 사용할 수 있습니다.

++ 실력이 쑥쑥 ++

▶ 페트병의 개수와 무게 비교하기

한 쪽 봉지에는 물을 넣은 페트병 1개, 다른 봉지에는 물을 넣은 페트병 3개를 넣어 각각 들어봅니다.

> **TIP**
> 물건의 개수가 늘어나면 무게도 무거워
> 진다는 것을 알려줍니다. 무게 차이를
> 이해하기 쉽게 개수를 다르게 합니다.

++ 도전해보기 ++

▶ 크기와 무게의 관계 파악하기

비어 있는 2L짜리 페트병과 물이 들어 있는 500mL 페트병 중 어느 쪽이 더 무거울까요?

> **TIP**
> 크기가 커도 가벼운 것이 있고, 크기가 작아
> 도 무거운 것이 있다는 것을 직접 경험해봅
> 니다. 다양한 크기의 페트병을 이용해 크기
> 와 무게의 관계를 생각해보게 합니다.

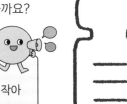

논리

?

주위 관찰하기

이쪽에서 보면 어떤 모양일까?

어떤 방향에서 보느냐에 따라 주변 사물들의 모양이 달라지는 것을 직접 관찰하고 다양한 모양을 인식해봅니다.

★ 아이가 좋아하는 인형이나 장난감 등을 테이블 위에 놓은 다음 다양한 방향에서 관찰해봅니다.

진행방법 TIP

• '얼굴을 보려면 어디서 보면 될까?', '이쪽에서 보면 등밖에 안 보이네'와 같이 보는 방향에 따라 인형이나 장난감의 모양이 달라지는 것을 알려줍니다.
• 전후 좌우뿐만 아니라 위에서도 사물을 관찰하도록 합니다.

++ 놀이 목표 ++

☑ '이 방향에서 보면 어떻게 보일까?'라고 물어보며 다양한 방향에서 사물을 관찰하는 연습을 합니다.

☑ 보는 방향이 바뀌면 보이는 모양도 달라진다는 것을 경험을 통해 알게 됩니다.

++ 실력이 쑥쑥 ++

▶ 앞뒤, 좌우에서 관찰하기

사물 2개를 테이블에 놓은 다음 앞뒤, 좌우에서 관찰하며 모양이 어떻게 달라지는지 알아봅니다.

TIP

시점을 바꾸면 보이는 것이 달라집니다. 이것은 사물을 다양한 방향에서 보는 연습으로 이어집니다.

++ 도전해보기 ++

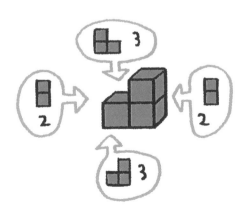

▶ 블록이 몇 개 보일까?

나무 블록을 마음에 드는 모양으로 쌓습니다. 블록 쌓은 것을 앞뒤, 좌우, 위에서 보며 블록이 몇 개나 보이는지 세어봅니다.

TIP

쌓아 놓은 나무 블록의 수는 달라지지 않지만, 보는 방향이 달라지면 보이는 나무 블록의 수가 달라지는 것을 깨닫도록 합니다.

추리력

동물도감을 이용한 스무고개

'논리'는 수학적 사고에서 가장 중요한 부분 중 하나입니다. 게임을 하면서 즐겁게 논리력을 키울 수 있습니다.

1. 동물도감에서 한 페이지를 편 다음, 그 페이지에 있는 동물 하나를 마음속으로 고릅니다.

2. 아이가 '네' 혹은 '아니오'로 대답할 수 있는 질문을 하여 그 동물이 무엇인지 맞혀보게 합니다. 가령 '줄무늬가 있는 동물인가요?', '목이 긴가요?'와 같이 '네' 혹은 '아니오'로 대답할 수 있는 질문을 아이가 생각해내도록 합니다.

진행방법 TIP
• 아이가 '네' 혹은 '아니오'로 대답할 수 있는 질문을 생각해내는 것은 쉽지 않습니다. 처음에는 아이가 이런 질문을 생각낼 수 있도록 도움을 주어도 좋습니다.

++ 놀이 목표 ++

☑ 질문을 통해 정답이 가진 다양한 조건을 알아내고, 그 조건을 바탕으로 정답을 추리함으로써 논리적인 사고를 기를 수 있습니다.

☑ 여러 가지 조건을 조합하여 답을 찾는 연습을 하는 과정은 논리적 사고의 기초로 이어집니다.

++ 실력이 쑥쑥 ++

▶ 아이가 생각하는 동물은 무엇일까?

역할을 바꾸어 아이가 좋아하는 동물을 떠올리면 엄마나 아빠가 질문하여 맞춥니다.

몸집이 작은가요? → 아니요

회색인가요? → 네

코가 긴가요? → 네

TIP

이 놀이를 통해 아이가 자신이 상상하고 있는 동물이 질문 조건에 맞는지 생각해보는 연습을 할 수 있습니다.

++ 도전해보기 ++

▶ 질문은 5개까지

질문 개수를 5개로 제한하여 정답에 다가갈 수 있을지 도전해봅니다.

TIP

어떻게 하면 질문 수를 줄일 수 있을지 생각하는 과정이 중요합니다. 답을 맞히지 않아도 좋습니다. 게임처럼 사고하는 과정을 즐기도록 합니다.

질문은 5개만!

만들어보기 — 빨대와 구슬로 목걸이 만들기

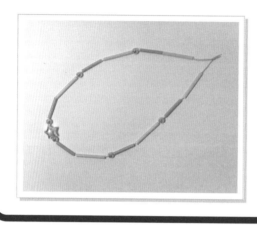

○ 빨대와 구슬을 이용하여 목걸이를 만듭니다. 손끝을 사용하는 연습을 하면서 즐겁게 규칙성에 대해 배울 수 있습니다.

» 준비물 «

· 긴 빨대(4cm로 자른 것) 6개 · 짧은 빨대(3cm로 자른 것) 6개
· 구슬 작은 것 6개 · 구슬 큰 것 1개 · 털실(60cm~70cm) 1개

1

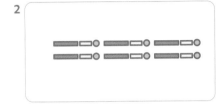

빨대는 2가지 색을 사용하면
예쁘게 만들 수 있습니다.

긴 빨대, 짧은 빨대, 구슬 작은 것을 하나
씩 순서대로 나열합니다.

2

1에서 만든 것을 1세트로 하여 3세트를 2열
나열합니다.

3

2열째는 구슬 작은 것 →
짧은 빨대 → 긴 빨대 순서로
통과시킵니다.

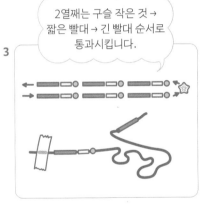

2를 순서대로 털실에 통과시킵니다(한쪽
끝을 테이프 등으로 고정하면 꿰기가 더
쉽습니다). 다른 열을 꿰기 전에 큰 구슬
을 넣으면 포인트가 됩니다.

4

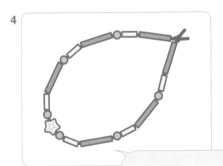

빨대와 구슬이 빠지
지 않도록 양쪽 끝
을 단단하게 묶어주
면 목걸이가 완성됩
니다.

빨대와 구슬을 정해진
순서대로 나열하면서
규칙성에 대해 배웁니다.

목걸이 가지고 놀기

＋＋＋＋＋＋＋＋＋＋＋＋＋＋＋＋＋＋＋＋＋＋＋＋＋

빨대와 구슬을 꿰는 순서를 바꾸거나 짧은 털실을 사용하여
팔찌를 만들면서 놀아봅니다. 친구에게 선물을 해도 좋습니다.

목욕 놀이, 숫자 놀이

아이와 목욕을 하면서 기본적인 숫자의 개념을 익힐 수 있는 놀이입니다. 목욕을 하는 과정에서 즐겁게 숫자에 대한 개념을 익히면 이후에 더 어려운 수학적 개념을 배워나가는 데 도움이 됩니다.

숫자 세기

▼▼▼

목욕하면서 숫자 세기

매일 아이와 목욕을 하며 숫자 세기 놀이를 하면 아이들이 숫자와 가까워질 수 있습니다. 우선 숫자를 순서대로 말하는 것에서 시작해보세요.

1. 욕조에 들어가 1~5까지 셉니다. 처음에는 아빠도 아이와 함께 숫자를 셉니다.

2. 아이 혼자 셀 수 있게 되면 5부터 10까지 세는 것에 도전해봅니다.

**진행방법
TIP**

- "오늘은 어깨까지 담그고 5까지 같이 세어보자. 1 … 2 … 3 …. 됐다!"와 같이 즐겁게 대화하며 진행해봅니다.
- 무리하게 큰 수를 외울 필요는 없습니다. 먼저 10까지 세며 즐겨봅시다.

✛ ✛ 놀이 목표 ✛ ✛

☑ 숫자 세기를 하면서 자연스럽게 수를 익히고 숫자와 친해질 수 있습니다.

☑ 수의 순서를 익히면 수학의 기초인 숫자와 구체적인 사물의 개수를 익히는 데 도움이 됩니다.

✛ ✛ 실력이 쑥쑥 ✛ ✛

▶ 10~1까지 반대로 세기

1부터 10까지 셀 수 있게 되었다면, 10부터 1까지 반대로 세어봅시다.

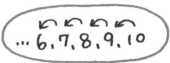

▶ 하나씩 건너뛰면서 세기

이번엔 하나씩 건너뛰면서 세어봅니다. 올바르게 세지 못해도 괜찮습니다. 아이들이 게임처럼 여기면서 재미를 느끼게 하는 것이 중요합니다.

TIP
다양한 방법으로 10까지의 숫자를 세고 게임을 하며 놀면서 숫자 감각을 키웁니다.

숫자 세기

보이는 손가락은 몇 개일까?

매일 아이와 목욕을 하며 숫자 세기 놀이를 하면 아이들이 숫자와 가까워질 수 있습니다. 우선 숫자를 순서대로 말하는 것에서 시작해보세요.

1. 욕조에 입욕제를 넣고 물을 탁하게 합니다.
2. 아빠가 한 손의 손가락을 원하는 개수만큼 물 밖으로 꺼냅니다.
3. 물 밖에 있는 손가락의 개수를 아이가 세게 합니다.

진행방법
TIP

- '손가락으로 가리키면서 세면 쉬워'. '1개씩 순서대로 세보자'라고 말하며 아이와 같이 물 밖의 손가락을 세어봅니다
- 자연스럽게 1에서 5까지 셀 수 있게 되면, 아빠가 손가락의 개수를 말하고 아이가 그 개수만큼 손가락을 꺼내는 놀이도 할 수 있습니다.

✚✚ 놀이 목표 ✚✚

☑ 숫자를 세는 것과 숫자를 인식하는 것은 수학을 익히기 위한 중요한 기초입니다. 성급하게 생각하지 말고 숫자에 대한 감각을 확실하게 익힐 수 있도록 합니다.

☑ 사물의 양을 숫자로 바꿀 수 있습니다. 먼저 아이 나이만큼의 숫자를 기준으로 하면 도움이 됩니다.

✚✚ 실력이 쑥쑥 ✚✚

▶ 양손을 합쳐서 모두 몇 개?

양손을 사용하여 합하여 5개 이하가 되도록 손가락을 물 밖으로 꺼낸 다음 모두 몇 개인지 셉니다.

2 + 3 = ?

1, 2, 3, 4, 5 !

▶ 물속에는 몇 개?

한쪽 손의 손가락을 꺼냈을 때, 물 속에 남아 있는 손가락 개수를 생각합니다. 아이들에게는 어려울 수 있으니 숫자와 사물의 개수의 관계를 충분히 익히고 나서 도전해봅니다.

TIP

처음엔 1개씩 세어 확인해도 됩니다. 천천히 '몇 개와 몇 개를 더하면 몇 개가 될까?'와 같이 물어보며 개수를 예상해보도록 합니다. 즐겁게 놀면서 덧셈과 뺄셈의 감각을 키웁니다.

숫자 세기

몸을 쓱싹쓱싹

셀 수 있는 것은 구체적인 사물의 양뿐만이 아닙니다. 다양한 체험을 통해 수를 세어봅니다.

 놀이 방법

1. 어른이 1~5 중에 좋아하는 숫자를 말합니다.
2. 아이는 그 수만큼 '일', '이', '삼'이라고 세면서 바디타올 등으로 몸을 씻습니다.

진행방법 TIP

• '1일 때는 한 번, 2일 때는 두 번, 3일 때는 세 번 쓱싹쓱싹 닦아보자'라고 말하면서 아빠가 먼저 시범을 보여줍니다.
• 조금씩 세는 속도를 높여도 재밌습니다.

++ 놀이 목표 ++

☑ 숫자 세기를 하면서 자연스럽게 수를 익히고 숫자와 친해질 수 있습니다.

☑ 수의 순서를 익히면 수학의 기초인 숫자와 구체적인 사물의 개수를
익히는 데 도움이 됩니다.

++ 실력이 쑥쑥 ++

▶ 합쳐서 10번 닦아보기

왼쪽 팔과 오른쪽 팔을 합쳐 10회
문지릅니다. 어느 쪽 팔을 더 많이
문질렀을까요?

▶ 같은 횟수만큼 닦기

아빠가 먼저 몸을 쓱싹쓱싹 닦은 다음 아이에게
같은 횟수만큼 몸을 쓱싹쓱싹 닦을 수 있는지 도
전해보게 합니다.

TIP

어느 쪽의 수가 많거나 적은지, 아
니면 수가 같은지 등 2개의 숫자
를 비교하는 활동을 통해 수에 대
해 깊이 이해할 수 있습니다.

수학왕의 수학놀이

초판 1쇄 발행 | 2024년 3월 23일

지은이 | 오사코 치아키
옮긴이 | 임정아
펴낸이 | 임미경
펴낸곳 | 피넛

편집기획 | 오순아
본문 디자인 | 퍼플트리

출판사등록 | 2023년 4월 10일 제2023년-000036호
주소 | 경기도 파주시 회동길 349, 101호(서패동)
대표전화 | 031-948-1224 **팩스** | 0504-318-1228

표지 일러스트 | 온초람

피넛 홈페이지 | www.peanutbook.co.kr
인스타그램 | @peanut.books
이메일 | peanutbook1@gmail.com

ISBN 979-11-985394-2-7 (13410)

피넛은 아름답고 실용적인 책을 만듭니다.
삶의 밑거름이 되는 밀알 같은 콘텐츠를 제작하고 싶은 아이디어나 원고가 있으시다면,
피넛 메일(peanutbook1@gmail.com)로 보내주세요. 함께 고민하겠습니다.

종이 퍼즐 만들기

오려낸 조각으로 퍼즐을 맞추다 보면 창의력과 응용력이 쑥쑥!
퍼즐을 맞춘 후 예쁜 그림을 색칠하면 나만의 퍼즐판 완성!

정답은 책 91쪽에!

제 품 명 수학왕의 수학놀이
제 조 국 대한민국
제조년월 2024년 3월
제조사명 피넛
연 락 처 031-948-1224
대상연령 3세 이상
주   소 경기도 파주시 회동길 349. 101호
주의사항 책의 모서리에 다치지 않게 주의하세요.
*KC마크는 이 제품이 공통안전기준에 적합하였음을 의미합니다.

종이 퍼즐 만들기

오려낸 조각으로 퍼즐을 맞추다 보면 창의력과 응용력이 쑥쑥!
퍼즐을 맞춘 후 예쁜 그림을 색칠하면 나만의 퍼즐판 완성!

정답은 책 91쪽에!

제 품 명 수학왕의 수학놀이
제 조 국 대한민국
제조년월 2024년 3월
제조사명 피넛
연 락 처 031-948-1224
대상연령 3세 이상
주   소 경기도 파주시 회동길 349. 101호
주의사항 책의 모서리에 다치지 않게 주의하세요.
*KC마크는 이 제품이 공통안전기준에 적합하였음을 의미합니다.

종이 퍼즐 만들기

① 점선에 맞추어 퍼즐 조각을 자르세요.
그림 도안 한 개당 퍼즐 놀이판 하나(면)을 사용하도록 지도해주세요.
② 자른 퍼즐 조각을 활용해 그림 퍼즐을 맞춰보세요.
③ 다 맞춘 퍼즐 조각을 풀로 붙인 후 퍼즐판에 있는 그림을 예쁘게 색칠하면 나만의 퍼즐판 완성!

제 품 명 수학원리 수학놀이   제조사명 피너
제 조 국 대한민국   연 락 처 031-948-1224
제조년월 2024년 3월   대상연령 3세 이상
주 소 경기도 파주시 회동길 349, 101호
주의사항 책이 모서리에 다치지 않게 주의하세요.
※KC마크는 이 제품이 공통안전기준에 적합하였음을 의미합니다.